"十三五"普通高等教育本科系列教材

液压与气压传动实验教程

编著 时连君 时慧喆 万殿茂 梁慧斌

中国电力出版社
CHINA ELECTRIC POWER PRESS

内 容 提 要

本书共四部分，包括7个大实验，共计18个小实验项目。第Ⅰ部分是液压元件结构原理分析实验，涉及液压泵、液压马达、液压缸、液压阀的结构及工作原理，以设备自带的视频课件形式进行简单介绍；第Ⅱ部分内容是液压元件性能测试及回路特性实验，包括液压叶片泵性能测试实验、溢流阀性能测试、节流调速回路性能实验；第Ⅲ部分是整体传动装置稳态性能实验，包括柱塞泵、柱塞马达的性能实验、三种容积调速回路性能实验等；第Ⅳ部分内容是气压传动综合实验、元件结构、工作原理及气动回路设计实验。

本书可以作为高等学校机械设计制造及自动化、机械电子工程、车辆工程、材料成型工程等专业的液压实验教材，也可以供相关技术人员参考使用。

图书在版编目（CIP）数据

液压与气压传动实验教程/时连君等编著. —北京：中国电力出版社，2018.11（2024.2 重印）
"十三五"普通高等教育本科规划教材
ISBN 978-7-5198-2725-0

Ⅰ. ①液… Ⅱ. ①时… Ⅲ. ①液压传动－实验－高等学校－教材②气压传动－实验－高等学校－教材 Ⅳ. ①TH137-33②TH138-33

中国版本图书馆 CIP 数据核字（2018）第 276354 号

出版发行：中国电力出版社
地　　址：北京市东城区北京站西街 19 号（邮政编码 100005）
网　　址：http://www.cepp.sgcc.com.cn
责任编辑：周巧玲（010-63412539）
责任校对：朱丽芳
装帧设计：郝晓燕　赵姗姗
责任印制：吴　迪

印　　刷：三河市百盛印装有限公司
版　　次：2018 年 11 月第一版
印　　次：2024 年 2 月北京第四次印刷
开　　本：787 毫米×1092 毫米　16 开本
印　　张：5.25
字　　数：125 千字
定　　价：14.00 元

前　言

　　液压与气压传动是一门实践性很强的课程，实践教学与理论教学相辅相成，共同担负着培养学生的学风与素质、实践工作能力、科学研究能力及创新能力的责任，旨在提高学生的培养水平，充分体现"大众创业，万众创新"的理念。

　　本书是编者在总结三十多年教学与科研经验的基础上，结合目前高校使用的液压教学实验台编写而成的，力求体现以下特点：

　　（1）编写内容的实用性，既考虑实验教程的适用对象，又兼顾目前使用的设备情况。

　　（2）编写内容的全面性，从液压泵、液压马达、液压阀及气压传动元件的结构原理，到液压元件的性能测试、节流调速、容积调速回路及气压回路的设计实验，并在实验项目的最后增加思考题，有利于提高学生分析问题、解决问题的能力。

　　（3）编写内容的先进性，结合目前使用最新的实验装置（采用集成块结构、国内先进的液压元件），以及目前比较先进的传感器和仪表进行测试，体现设备的领先技术，加强实验教学环节，培养学生理论联系实际和应用创新的能力。

　　（4）液压泵、液压马达、整体传动装置等采用最新的国家标准。

　　学生在实验过程中应该把握以下几方面的内容：

　　（1）实验目的及实验研究的对象，如液压元件、液压回路及液压系统。

　　（2）实验条件，如实验温度的变化引起测试的压力、流量等参数的变化。

　　（3）实验设备，如实验台的结构原理、液压元件的连接、阀块上阀件的布局等，这些都有助于提高学生的设计水平。

　　（4）实验装置的实验数据，包括如何调定、测试、计算等。

　　（5）实验测试数据力求准确，在实验过程中，要尽量准确地测试出液压系统的各种参数。

　　（6）掌握实验方法，培养创新能力，提升综合素质。

　　本书由山东科技大学时连君、时慧喆、万殿茂、梁慧斌编写。

　　鉴于编者水平所限，书中难免有错误和不足之处，恳请读者批评指正。

编　者

2018.8

实 验 须 知

1. 实验总体要求

（1）实验教学是课程学习的重要环节之一，"大众创业、万众创新"不是一朝一夕的事情，而是要求学生把每一个实验项目当成一个课题进行设计、一个大赛的题目来做。这样通过实验不但可以巩固课堂知识，理论联系实际，提高学生的实验技能、动手操作能力及创新能力。

（2）进入实验室前要认真预习实验教程相关的实验内容，明确实验目的，掌握实验原理及测试方法，了解实验步骤，完成指导书中提出的各项预习要求，否则不允许进入实验室做实验。

（3）学生进入实验室需要签到，实验结束须经指导老师允许后才可以签名离开。对于迟到、早退、代签名字的学生，其实验成绩要酌情扣分。

（4）实验中遇到问题时，要结合课本与实验教程的相关内容进行认真思考，要多动脑、多动手，培养独立工作和分析问题与解决问题的能力。

（5）正确操作实验设备，液压实验台调定压力值不得超过实验教程规定的数值。例如，第Ⅱ部分实验内容，实验台压力值不得超过 7MPa；第Ⅲ部分实验内容，实验台压力值不得超过 15MPa。要注意人身安全、设备安全，设备损坏要赔偿。实验中如遇故障要及时向指导教师报告，妥善处理。

（6）坚决禁止穿拖鞋进入实验室，实验室内不准吸烟，不准随地吐痰，不准在室内吃零食，不准乱扔纸屑，保持良好实验环境，实验完毕要整理好实验器材和清扫实验现场。

2. 认真完成实验报告

（1）实验报告是对实验成果的归纳、总结，必须以严肃认真、实事求是的态度完成。

（2）对实验所需已知参数应主动查询，对测试参数和现象要如实记录。

（3）要求学生独立完成报告，思考题不准照抄，否则不得分。

（4）按时完成实验报告，并且及时交给指导教师批阅、评分。

目　　录

第 I 部分　液压元件结构原理分析实验

液压元件综合实验系统，是一套集液压元件结构原理展示、实物拆装和虚拟仿真教学的综合实验系统，可与液压传动与控制类课程实验教学配套使用，以便学生对于液压系统的元件组成、结构及工作原理有所了解。液压传动系统通常由四大类液压元件的组成。

（1）动力元件：把机械能转化成液压能的元件（液压泵）。

（2）执行元件：把液压能转化成机械能的元件（液压马达、液压缸）。

（3）控制元件：对执行元器件压力、运动速度、方向进行控制的元件。

（4）辅助元件：除去以上三部分以外的元件，如管路、接头、油箱、滤油器等。

实验 1　液压元件结构原理分析实验

1. 实验目的

（1）通过观看实验台上的虚拟仿真软件并结合课本上的内容，认真观察液压元件实物结构及工作原理，深入了解液压元件的结构与组成，元件内部油路的通道、元件的工作原理，从而进一步巩固课本讲述的内容。

（2）了解液压元件板式结构与管式结构的区别。

（3）培养学生分析问题、解决问题与动手实践的能力。

2. 实验注意事项

（1）实验中要认真观看虚拟仿真软件、观察液压元件实物结构，并且结合课本上的知识，做好每一个思考题，不得照抄。

（2）实验中要爱护每一个液压元件，对于需要拆开的元件要仔细，在分析清楚液压元件的结构原理后，把拆开的元件依原样安装起来，不得有损坏；对于透明的有机玻璃元件、切掉四分之一的元件，不得拆开；对于挂在实验台上剖开的元件，不要从实验台上整体拿下来，更不要把零件拆下来。

（3）在实验过程中要注意自己的人身安全。配置手拉葫芦用于对较重的元件进行起重，手拉葫芦支臂能在 0°～120°幅度内摆动，操作一定注意自身与他人的安全；台虎钳的操作要规范，夹持工件要松紧适当，台虎钳钳口处只能用于夹持物体，而不能在上面敲击物体。

3. 实验内容

（1）液压动力元件：液压泵（齿轮泵、双作用叶片泵及柱塞泵）。

（2）液压执行元件：液压缸、液压马达。

（3）液压控制元件：液压控制阀（压力控制阀、方向控制阀及速度控制阀）。

（4）液压辅助元件：滤油器、密封装置、油管接头等。

实验 1.1　液压动力元件、执行元件结构原理分析实验

1. 元件概述

液压泵与液压马达具有可逆性，从理论上看，任何一种容积式泵都可以当作容积式液压马达使用，不过为了提高液压泵的性能，对液压泵的结构采取一些措施，使其不具有可逆性。其结构上区别如下：

（1）液压泵吸油腔压力为真空，为了改善吸油性能和抗气蚀能力，其吸油口比排油口大。

（2）液压马达需要正反转，所以其内部结构具有对称性。

（3）液压马达最低稳定转速要低。

（4）液压马达具有较大的启动转矩。

（5）液压泵必须具有自吸能力。

由于上述原因液压泵与马达不能通用。

液压泵工作的必要条件：

（1）吸油腔与排油腔要相互隔开，并且具有较好的密封性。

（2）吸油腔容积变大时，要吸入液体。

（3）吸油腔容积到最大时，先要跟吸油腔切断，然后容积缩小进行排油到排油腔。

通过理论学习可知，容积式泵（齿轮泵、叶片泵、柱塞泵等）的共性是由密封的容积发生体积变化进行工作的，其主要参数有压力、流量、效率等。在认识这些元件时，要注意它是如何在结构上采取措施来解决泄漏、困油等问题的。

2. 思考题

（1）根据图 1-1 说明双作用叶片泵密封工作容积由哪几个零件组成，密封容积在泵工作时如何变化（液压油如何吸入和排除）？

图 1-1　双作用叶片泵

（2）根据图 1-2 说明齿轮泵主要由哪些零件组成，泵内有几条内泄漏通道，怎么提高其容积效率；其困油现象是怎样产生的，在结构上如何改善；为什么齿轮泵两个油口不一样大。

图 1-2　外啮合此轮泵结构分解

（3）查阅相关资料及图 1-3，说明 A7V 斜轴泵的工作原理（包括变量调速机构工作原理），画出液压系统图来说明。

注：A7V 斜轴式变量柱塞泵是一种恒功率变量泵，其核心技术主要是变量机构，在油泵工作过程中，通过负载压力反馈使变量活塞上下移动，从而带动斜盘摆动，当负载压力增大时，变量活塞上移，斜轴摆角减小，油泵输出流量减少；反之流量增大。

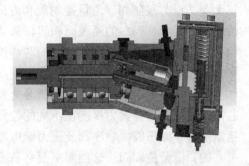

图 1-3　A7V 斜轴泵

（4）根据图 1-4 及课本上的相关内容说明变量叶片泵的工作原理。

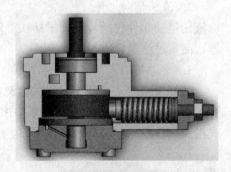

图 1-4　变量叶片泵

（5）根据图 1-5 及课本相关内容从结构及工作原理上分析活塞缸与柱塞缸的区别。

图 1-5　液压缸

实验 1.2　液压控制元件、辅助元件结构原理分析实验

1. 液压控制阀类概述

20 世纪 80 年代后液压技术飞速发展，液压控制阀的种类特别多，通常按照用途可分为三大类，压力控制阀、流量控制阀和方向控制阀，其共性都是通过改变阀口通道的关系，如改变阀口开度、阀口的通流面积等，来达到控制压力、流量与方向的目的。

液压阀的结构主要由阀体、阀芯与控制机构三部分构成。

液压阀的连接方式主要有板式（集成块、插装阀）、管式连接。

（1）压力控制阀。压力控制阀分为直动阀、先导式阀，其共同特点是：利用压力油对阀芯产生的推力与弹簧力平衡在不同的位置上，来控制阀口开度而实现压力控制。这些阀件包括溢流阀、减压阀、顺序阀及压力继电器。

（2）流量控制阀。这类阀主要有节流阀（具有压力控制、流量控制两种特性）、调速阀，是通过改变通流面积的大小来调节流量。

（3）方向控制阀。这类阀有单向阀（液控单向阀）、换向阀，其性能要求如下：单向阀正向时阻力小，反向截止时密封性好；换向阀是利用阀芯与阀体相对位置不同，来改变油液流动方向的，其性能要求液流通过换向阀时压力损失要小，液流在各关闭油口之间的缝隙泄漏要小，换向可靠，动作灵敏等。

2. 液压辅助元件

液压辅助元件包括各种管子接头、液压密封件、蓄能器、油箱加油过滤器、油泵吸油过滤器、高压过滤器、冷却器等。

3. 思考题

（1）根据图 1-6 观察先导式溢流阀结构组成，画出简图并分析其工作原理。为什么主阀弹簧的刚度比先导阀小？其主阀芯中的阻尼孔起什么作用，是否可以将其去掉或变大？先导式溢流阀远程控制口有什么作用？

图 1-6　先导式溢流阀

（2）如果液压泵出口负载无穷大时，三个溢流阀的调定压力值如图 1-7 所示，请问泵的供油压力有几级？数值各多大？

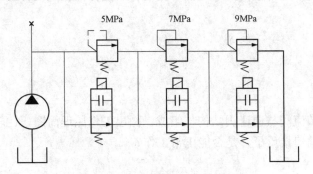

5MPa　　7MPa　　9MPa

图 1-7　溢流阀串联液压原理图

（3）为什么直动式溢流阀应用在低压液压系统中，而先导式溢流阀多用于中高压液压系统中？

（4）结合课本及图 1-8 说明电液比例溢流阀的工作原理。

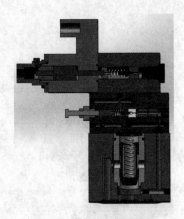

图 1-8　电液比例溢流阀

（5）试比较溢流阀、减压阀及顺序阀的功能、内部油路和工作原理有什么不同。（从阀进、出口的启闭情况，压力值的大小，各种阀的作用进行比较）

（6）观察普通节流阀与调速阀结构与组成，画出工作原理简图，比较二者的工作性能。如果调速阀进、出油口接反了，是否能正常工作？

（7）根据图 1-9 说明电液换向阀的主要结构、工作原理及应用的场合。

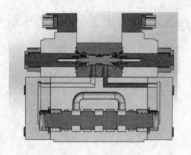

图 1-9　电液换向阀

（8）根据图 1-10 说明过滤器、蓄能器主要结构、在液压系统中的作用及工作原理。

图 1-10　过滤器、蓄能器

第II部分 液压元件性能测试及回路特性实验

1. 实验装置

SUST-1A 实验装置（见图II-1）由液压操作台和电器控制台两部分组成。液压操作台主要由液压叶片泵、液压缸、溢流阀、流量计和节流阀构成的集成块等组成；电器控制台主要由电气控制元件、各种仪表组成。

图II-1　SUST-1A 液压实验台

2. 实验项目

（1）液压叶片泵的性能实验。

（2）溢流阀的性能实验。

（3）节流调速回路的性能实验。

3. 传感器、仪表简介

（1）压力传感器。实验台采用 DG 系列标准型压力变送器，其中传感器的芯片选用国际著名公司生产的高精度、高稳定性的集成片，经过高可靠性的放大电路及精密温度补偿，将被测介质的压力信号转换成 4～20mA DC 的标准电信号，高质量的传感器、精湛的封装技术及完善的装配工艺确保了该产品的优异质量和最佳性能。该产品有多种接口形式和多种引线方式，能够最大限度地满足客户的需要，适用于各种测量控制设备的配套使用，具有以下特点：

1）体积小，高性价比，高稳定性，高灵敏度。

2）压力测试范围：0～10MPa。

3）具有零点/满量程可调。

4）准确度 0.25 级，包括非线性、重复性及迟滞在内的综合误差。

5）防雷击、防射频干扰。

6）过载压力 2 倍满量程。

7）供电电压 9～36VDC（两线制），24±5VDC（三线制）。

8）压力上升时间≤5ms 可达 90%FS。

9）温度漂移不超过±0.05%FS/℃。

10）电气连接：四芯屏蔽电缆（防护等级 IP65）航空插头 DIN 接头。

（2）椭圆齿轮流量传感器。单位时间内通过管道截面的体积数或质量数称为流体的瞬时流量。实验台按照国家标准要求需要测出其瞬时流量值的大小。根据目前国内生产的流量仪

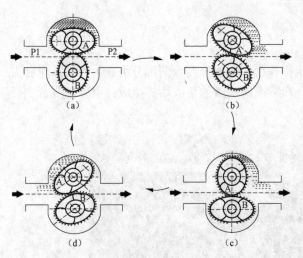

表的情况，选择椭圆齿轮流量计与脉冲发信装置配合，安装在回液口来测量流量值的大小。

LC 型椭圆齿轮流量计是计量流经管道内液体流量总量的容积式仪表，主要用于测量流体上的累计流量，可以对脉冲进行正或反转计数，计数准确，不丢脉冲，具有抗干扰能力强等优点，受液体黏度变化的影响较小。

流量传感器参数：①精确度等级为 0.5级；②公称压力为 1.6、3.2、6.3MPa。

其结构原理图如图Ⅱ-2 所示。

为了便于测出流体的瞬时流量，流量计的变送器上安装了发信装置，在探头中

图Ⅱ-2　椭圆齿轮流量计工作原理图

安装了霍尔传感器及永久磁铁，如图Ⅱ-3 所示。当液体流经变送器使椭圆齿轮旋转时，装在变送器转轴上的转盘在霍尔传感器与永久磁铁之间旋转。霍尔传感器由于霍尔效应产生一个个脉冲。这样每发一个脉冲就表示一定的体积流量流经变送器，脉冲信号经过流量控制仪运算后，即可显示出瞬时流量的大小，变送器接线如图Ⅱ-4 所示。

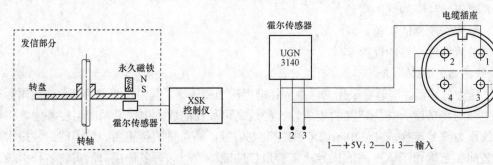

1—+5V；2—0；3—输入

图Ⅱ-3　变送器发信装置部分　　　　图Ⅱ-4　变送器接线图

（3）转矩转速传感器。JC 型转矩转速传感器的基本原理是：通过弹性轴、两组磁电信号发生器，把被测转矩、转速转换成具有相位差的两组交流电信号，这两组交流电信号的频率相同且与轴的转速成正比，而其相位差的变化部分又与被测转矩成正比。

JC 型转矩转速传感器的工作原理如图Ⅱ-5 所示，在一根弹性轴的两端安装有两只信号齿轮，在两齿轮的上方各装有一组信号线圈，在信号线圈内均装有磁钢，与信号齿轮组成磁电信号发生器。当信号齿轮随弹性轴转动时，由于信号齿轮的齿顶及齿谷交替周期性地扫过磁钢的底部，使气隙磁导产生周期性的变化，线圈内部的磁通量也产生周期性变化，使线圈中感生出近似正弦波的交流电信号。这两组交流电信号的频率相同且与轴的转速成正比，因此可以用来测量转速。这两组交流电信号之间的相位与其安装的相对位置及弹性轴所传递转矩的大小及方

向有关。当弹性轴不受扭时，两组交流电信号之间的相位差只与信号线圈及齿轮的安装相对位置有关，这一相位差一般称为初始相位差。在设计制造时，使其相差半个齿距左右，即两组交流电信号之间的初始相位差在180°左右。在弹性轴受扭时，将产生扭转变形，使两组交流电信号之间的相位差发生变化，在弹性变形范围内，相位差变化的绝对值与转矩的大小成正比。

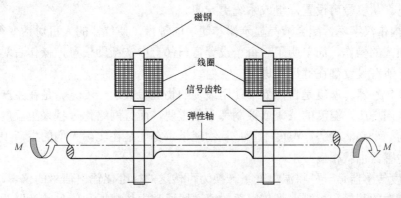

图Ⅱ-5　转矩转速传感器工作原理图

把这两组交流电信号用专用屏蔽电缆线输入 JW-3 系列微机扭矩仪，通过具有相位测量功能的板卡送入计算机，即可得到转矩、转速及功率的精确值。

（4）JW-3 微机扭矩仪。JW-3 扭矩仪与各种量程的磁电式相位差型扭矩传感器（如 JC 型扭矩传感器）配套使用，前面板如图Ⅱ-6 所示。

图Ⅱ-6　仪表前面板图

JW-3 扭矩仪采用德国 INFINEON 公司 C166 系列 16 位单片机作为主处理器。INFINEON 公司精湛的技术和 C1 系列单片机卓越的性能，使扭矩仪在功能和性能上都达到了一个新的高度。

1）仪器采用多单片机结构，使系统速度和集成度得到了很大提高，从而提升了仪器的可靠性和稳定性。主单片机 4 级流水线的高性能 16 位 CPU，使运算速度大幅度提高，可以满足实时快速测量的需要。

2）仪器功能丰富，具有模拟输入、模拟输出、开关量输入、开关量输出、频率输入等多种扩展功能，原来需要一个系统完成的工作，现在只需一台扭矩仪即可完成。

3）丰富的自定义功能。功能和效率往往相互矛盾，过多的功能将使仪器速度减慢、效率降低。为了解决这个矛盾，仪器的所有扩展功能都是可以自定义的，用户可以通过键盘打开和关闭这些功能。

4）灵活性和适应性。模拟输入可以适应 0～5V 和 1～5V（4～20mA）。模拟输出可提供 0～5V、4～20mA 等多种形式。开关量输出可关联到任意测量通道，以实现开关控制或报警。开关量输出还可用来启动用户的负载，实现和快速存储的同步。扩展的频率输入可用来测量流量等脉冲信号。所有这些功能的组织和变化，只需按几下键盘即可完成。仪器支持正、反转双向调零，单点或多点调零。

5）快速存储功能比以前的产品有所增强。不仅存储转矩和转速，还可同步存储3路模拟输入。同时，串口的功能得到了加强，使之与计算机的通信更加简便和灵活。通信方法和数据格式均可选择，可适应不同软件工程师的习惯和喜好。波特率选择范围更大，可以适应不同的工业现场。从机号可设置，组成系统更方便。

6）仪器内带汉字库，配合液晶显示器和简洁的键盘，使仪器的人机对话变得十分轻松。菜单式和选项式的操作，简单明了。每个设置窗口都有中文帮助信息，操作者对说明书的依赖减至最小。所有设置都在键盘上进行。

（5）温度传感器。温度是自然界中使用最多的物理参数之一，无论是在生产实验场所，还是在居住休闲场所，温度的采集或控制都十分重要，而且网络化远程采集温度并报警是现代科技发展的一个必然趋势。温度不管是从物理量本身还是在实际人们的生活中都有着密切的关系，温传感器也就相应产生。

pt100温度传感器是一种将温度变量转换为可传送的标准化输出信号的仪表，主要用于工业过程温度参数的测量和控制。带传感器的变送器通常由传感器和信号转换器两部分组成。传感器主要是热电偶或热电阻；信号转换器主要由测量单元、信号处理和转换单元组成（由于工业用热电阻和热电偶分度表是标准化的，因此信号转换器作为独立产品时也称为变送器），有些变送器增加了显示单元，有些还具有现场总线功能。

（6）数字显示仪表。实验台所用的仪表有压力仪表、温度仪表及流量仪表，这些仪表要求精度都是0.2级的。智能数显控制仪表拥有24位A/D转换器；具备万分之五的精度和十万分之一的显示分辨率；每秒1次到20次的可设置分挡测控速度，兼顾高分辨力和测控速度的不同应用需求；显示亮度有3挡可调节；16段折线功能；具备最大值和最小值记忆功能；3点开关量输入和4个按键可通过单独编程以实现指定功能。并有抗干扰设计，可抑制现场的继电器、接触器等产生的快速脉冲群干扰和其他电磁干扰，抗干扰能力达到Ⅲ级。

仪表的性能特点：

1）专用的集成仪表芯片，具备更为可靠的抗干扰性及稳定性。

2）万能信号输入，通过菜单设置即可配接常用热工信号。

3）可在线修改显示量程、变送输出范围、报警值及报警方式。

4）软、硬件结合的抗干扰模式，有效抑制现场干扰信号。

5）热电偶冷端温度及热电阻引线电阻自动补偿。

6）可对外接的二、三线制变送器提供配电功能。

实验2　液压元件性能测试实验

实验2.1　液压叶片泵性能测试实验

1. 实验目的

（1）掌握液压泵的主要性能参数及意义。

（2）掌握液压泵的测试原理和测试方法。

（3）通过实验进一步了解液压泵的特性参数。

（4）了解实验中所用传感器、仪表的结构工作原理。

2. 实验技术要求

叶片泵实验项目的要求见表 2-1。

表 2-1　　　　　　　　叶片泵实验项目的要求（JB/T 7039—2006）

序号	实验项目	内 容 和 方 法
1	排量检测实验	排量在 95%～110%的公称排量范围内
2	容积效率实验	在额定压力、额定转速下测量容积效率
3	压力振摆检测	在最大排量、额定转速、额定压力工况下，观察记录泵出口压力振摆值
4	输出特性实验	作出输出压力对输出流量关系的曲线
5	总效率实验	要求不低于国家标准要求的数值
6	外泄漏检查	静密封，不得渗油；动密封，不得漏油

液压泵的主要性能参数包括：

（1）额定压力 p_n（MPa）：液压泵能连续运转的最高压力。

（2）额定流量 q_n（L/min）：在额定压力、额定转速下液压泵必须保证的输出流量。

（3）容积效率 η_V：用来评价液压泵油液泄漏损失程度的参数。

（4）机械效率 η_m：用来评价液压泵摩擦损失程度的参数。

（5）总效率 η_t：用来表示液压泵的能量转换的损失程度，$\eta_t = \eta_V \eta_m$。

另外，液压泵的参数还有压力脉动值、噪声、寿命、温升、振动等，其中前几项最为重要，泵的测试主要是检查这几项。

定量叶片液压泵的在额定压力下、额定转速工况下，容积效率和总效率不得低于表 2-2 中规定的数据。

表 2-2　　　　　　　　叶片泵参数（JB/T 7039—2006）

额定压力 p_n（MPa）	效率（%）	工程排量 V（mL/r）							
		≤4	4～10	10～20	20～40	40～50	50～100	100～200	200～400
$p_n \leq 6.3$	容积效率	≥75	≥83	≥85	≥87	≥89	≥90	≥90	—
	总效率	≥55	≥64	≥70	≥76	≥76	≥76	≥82	
$6.3 < p_n \leq 16$	容积效率	≥65	≥76	≥80	≥84	≥86	≥86	≥90	≥92
	总效率	≥52	≥61	≥68	≥69	≥75	≥73	≥80	≥82
$16 < p_n \leq 25$	容积效率	—	≥72	≥75	≥78	≥80	≥83	≥85	—
	总效率	—	≥55	≥66	≥68	≥72	≥75	≥78	

注 1. 排量：泵的空载排量应在公称排量的 95%～110%的范围内。

　　2. 压力振摆：泵的出口压力振摆值不得超过±0.2%。

　　3. 空载压力：不得超过 5%的额定压力或者 0.5MPa 的输出压力。

3. 实验原理与方法

（1）实验过程中能量的转化过程。

1）三相异步电动机的把电能转换成机械能（T，n）。

2）机械能输入给液压泵，通过液压泵转换成液压能（p，q）输出。

3）液压能送给节流阀给液压泵加载后，转化成热能，通过传递介质液压油带走。

（2）实验原理与测试方法。由于泵内有摩擦损失（其值用机械效率 η_m 表示）、容积损失（泄漏）（其值用容积效率 η_v 表示）和液压损失（此项损失较小，通常忽略），所以泵的输出功率必定小于输入功率，总效率为 $\eta_t = \eta_v \eta_m$。要直接测定 η_m 比较困难，一般先测出 η_v 和 η_t，然后计算出 η_m。

图 2-1 所示为液压教学实验台液压系统原理图，图中油泵 18 为被试双作用叶片泵，它的进油口装有线隙式滤油器 22，出油口并联有溢流阀 11 和压力表 P12-1、压力传感器 PZ12-1、温度传感器 TZ2。被试叶片泵输出的油液经节流阀 10 后经过椭圆齿轮流量计 20 流回油箱，用节流阀 10 对被试泵加载。

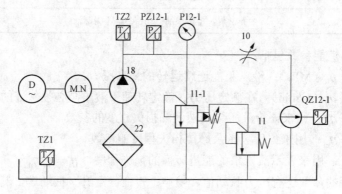

图 2-1　实验台液压系统原理图

1）液压泵压力脉动值的测试。把被试泵的压力调到额定压力，观察并记录其脉动值，看是否超过规定值。测量时压力表 P12-1 不能加接阻尼器。

2）液压泵的流量-压力特性 $q = f(p)$ 测试。通过测定被试泵在不同工作压力下的实际流量，得出它的流量-压力特性曲线 $q = f(p)$。调节节流阀 10 即得到被试泵的不同压力（采用节流阀给液压泵加载），压力数值的大小可通过压力表 P12-1 或者通过压力传感器与数字显示仪表读出。不同压力下的流量可以通过数显仪表直接读出，或者用椭圆齿轮流量计和秒表确定。压力调节范围从零（这时可能不是零）开始（此时对应的流量为空载流量），到被试泵输出压力 6.6MPa。泵的额定压力为 6.3MPa，超过其额定压力。

3）液压泵的容积效率曲线测试 $\eta_v = f(p)$。在规定的条件下，泵实际输出流量与理论流量之比（实验台通常以空载时测的流量代替这个数值），则

$$\eta_v = \frac{q_p}{q_t} \tag{2-1}$$

式中　q_p——泵的实际输出流量，L/min；

$\quad\quad q_t$——泵的空载输出流量，L/min。

在实际生产中，泵的理论流量一般不用液压泵设计时的几何参数和运动参数计算，通常

以空载流量代替理论流量。本实验中应在节流阀 10 的通流截面积为最大的情况下测出泵的空载流量。

4）液压泵总效率曲线测试 $\eta_t = f(p)$。

液压泵输出的功率与输入给液压泵的功率之比为

$$\eta_p = \frac{P_{op}}{P_{ip}} \tag{2-2}$$

液压泵的输入功率 P_{ip}

$$P_{ip} = \frac{Tn}{9550} (\text{kW}) \tag{2-3}$$

式中 T——液压泵的输入转矩，N·m；

n——液压泵的输入转速，r/min。

液压泵的输出功率 P_{op}

$$P_{op} = \frac{pq}{60} (\text{kW}) \tag{2-4}$$

式中 p——液压泵出口压力，MPa；

q——液压泵输出的流量，L/min。

5）液压泵的机械效率的计算。

$$\eta_{mp} = \frac{\eta_p}{\eta_V} \tag{2-5}$$

4. 实验步骤

（1）开机前的调整。

1）将电磁阀 13 的控制旋钮置于【断开】（或者【0】）位，电磁阀不通电，对应绿色指示灯不亮。

2）电磁阀 17 处于【断开】（或者【0】）位，电磁阀不通电，对应绿色指示灯不亮。

3）电磁阀 15、16 的控制旋钮置于【断开】（或者【0】）位，电磁阀不通电，对应绿色指示灯不亮。

4）关闭节流阀 10（为了启动液压泵 18 后，调整液压泵出口压力值）。

5）松开溢流阀 11（使液压泵 18 空载启动，防止过载）。

（2）接通电源，启动被试液压泵 18（或者二号电机），使其空载运转 2min。

（3）慢慢调整远程调压溢流阀 11 的手轮，使其调压弹簧逐渐压紧阀芯，系统压力逐渐升高，至压力 $p_{12\text{-}1}$ 调到 7.0MPa（高于液压泵额定压力的 10%，超压状态）。

（4）快速全部打开节流阀 10 的，使液压泵的出口压力 $p_{12\text{-}1}$ 降至最低值（空载状态），但这时被试泵的出口压力不为零。

思考：为什么这时泵的出口压力不为零？

（5）读出流量计上液压泵的输出流量（或测量单位时间的体积变化量，计算出液压泵的流量），此时测得的液压泵流量值为空载流量，可用来计算容积效率、微机扭矩仪（JW-3）上的液压泵的输入转矩、液压泵的转速及液压泵的输入功率值的大小，将上述所测数据填入表 2-3。

（6）逐渐关小节流阀 10 的通流面积，使液压系统的压力升高，给液压泵加不同负载压力 $p_{12\text{-}1}$（详见表格要求），对应测出液压泵的流量 q（或者测量单位时间体积的变化量）、液压泵输入转矩 T（砝码的质量）及液压泵的转速 n、液压泵的输入功率值 P，将上述所测数据填入表 2-3。

注意：调整节流阀 10 时液压泵加载到 6.6MPa，由于这时液压泵处于超载状态，这使运行时间要短。

（7）逐渐开大节流阀的开度，直至节流阀 10 的开度到最大，测出相应的实验数据，将上述所测数据填入表 2-3。

（8）松开远程调压溢流阀 11 的调压手轮，使液压泵出口压力为零。

（9）按下液压泵 18 的电动机（二号电机）停止按钮，停止油泵电机。

说明：

1）节流阀每次调节后，须运转 1～2min 再读出以下数据。

2）压力 $p_{12\text{-}1}$：从数显仪表或者压力表 P12–1 上直接读数。

3）转矩 T：从 JW-3 微机扭矩仪上直接读出或者用加砝码法测得。

4）转速 n：从 JW-3 微机扭矩仪上直接读出或者用机械（数字）转速表测量。

5）流量 q：可以直接读出流量计上的数据，或者用秒表测量椭圆齿轮流量计流过（建议 20L）液压油所需时间，根据公式求出流量：

$$q = \frac{\Delta V}{t} \times 60 \tag{2-6}$$

式中　ΔV ——对应容积变化量，L；

　　　　t ——所需的时间，s。

5. 实验记录与要求

（1）填写液压泵技术性能指标。

（2）填写实验记录表。

（3）同一坐标中绘制液压泵工作特性曲线。用坐标纸绘制 $q = f(p)$、$\eta_v = f(p)$、$\eta_t = f(p)$ 三条曲线。

（4）分析实验结果。

6. 实验报告

（1）实验数据记录及计算填入表 2-3。

（2）绘制液压泵的三条曲线。

（3）实验结果分析（数据测量的准确度、产生误差的原因）。

表 2-3　　实 验 数 据 记 录

	液 压 泵 参 数	最低压力		1.5MPa		2.5MPa		3.5MPa		4.5MPa		5.5MPa		6.3MPa		6.6MPa
		1	2	1	2	1	2	1	2	1	2	1	2	1	2	1
1	液压泵出口压力（MPa）															
	液压泵输出容积变化量（L）															
	对应容积变化的时间（s）															
	液压泵流量（L/min）															
	液压泵输出功率（kW）															
2	输入液压泵的转矩（N·m）															
	液压泵的转速（r/min）															
	液压泵的输入功率（kW）															
3	液压泵进口温度（℃）															
	液压泵出口温度（℃）															
4	液压泵容积效率（%）															
	液压泵机械效率（%）															
	液压泵总效率（%）															

注　被试叶片泵压力可在 0～6.6MPa 范围内进行实验，建议每点测两次。

绘制 $q = f(p)$、$\eta_V = f(p)$、$\eta_t = f(p)$ 三条曲线。

7. 数据处理与思考题

（1）实验数据处理要求：从表 2-3 中选取一组与同组实验者不同的数据进行实验结果计算。计算过程如下：

（2）通常测试液压泵的总效率时，需要测量哪些参数？泵的机械效率能直接测出吗？从 $\eta_t = f(p)$ 曲线中得到什么启发？（从泵的合理使用方面考虑）

（3）在液压泵特性实验液压系统中，溢流阀 11 起什么作用？

（4）节流阀 10 在本实验中起什么作用？起到本实验作用的条件是什么？是否可用溢流阀来代替？如果能够代替，说明溢流阀 11 的压力如何调整。

（5）本实验使用椭圆齿轮流量计测量液压泵的流量，请列出两种其他可以测出液压泵流量的仪表，简述其工作原理。

（6）液压泵输出的功率经节流阀后转化成什么能量？对本实验系统会产生什么影响？如何减小对实验系统的影响？

（7）在实验中所选用的压力变送器的输出是 4～20mA 的直流信号，为什么不选用输出 0～20mA 的压力变送器？

实验 2.2　溢流阀性能测试实验

在液压系统中用来控制油液压力的阀称为压力控制阀，其共同的特点是：利用受控液流的压力对阀芯的作用力与其他作用力的平衡条件，来调整阀的开口量以改变液阻的大小，从而达到控制压力的目的。溢流阀就是其中的一种。

　　溢流阀在不同的场合可以有不同的作用，见图 2-2，在定量泵的节流调速回路中，溢流阀用来保持液压系统（泵的出口）的压力恒定，并且将多余的流量溢流回油箱，这时溢流阀起到定压阀的作用；在容积调速回路中，溢流阀在系统正常工作时处于关闭状态，只是系统压力大于溢流阀的调整压力时才开启溢流，对系统起到过载保护作用，这时溢流阀作安全阀使用。由于溢流阀的多种用途，而不同的用途对其性能要求不同，因此通常将这些要求分为静态性能和动态性能两种，并以参数指标加以衡量，本实验主要针对静态性能进行实验。

　　1.　实验目的

　　（1）充分了解先导式溢流阀的工作原理。

　　（2）理解溢流阀稳定工况时静态特性的相关参数。

　　（3）测试静态特性中的调压范围、力稳定性、卸荷压力及压力损失和启闭特性。

　　（4）学会溢流阀静态特性的测试方法。

　　（5）分析溢流阀的静态特性参数。

　　2.　实验内容

　　（1）溢流阀的静态特性分析。实验中使用先导溢流阀作为被试阀，先导式溢流阀是液压系统中常用的控制元件之一，其性能的好坏直接影响液压系统的压力稳定性，有必要先对先导式溢流阀进行特性分析。

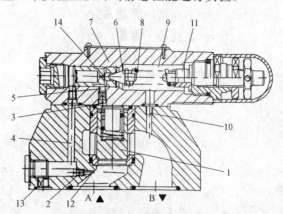

图 2-2　先导式溢流阀结构图

1—主阀芯；2、3—阻尼孔；4—控制油路；
5、10、12—通道；6—主阀芯；7—先导阀、
8—先导阀弹簧；9—弹簧腔；11—外排口；
13—遥控口；14—先导阀座

　　若忽略阀芯自重及阀芯所受到的摩擦力，则先导式溢流阀的静态特性可以用五个方程来描述：

　　1）作用在先导阀上的液压力、弹簧力和稳态液动力的受力平衡方程为

$$p_1 A_x = k_x(x_0 + x) + C_{d2}\pi dx \sin(2\beta) p_1 \tag{2-7}$$

式中　　p_1——先导阀前腔压力，先导阀出口压力为零；

　　　　A_x——先导阀面积；

　　　　k_x——先导阀调压弹簧的刚度；

　　　　x_0——先导阀调压弹簧的预压缩量；

　　　　x——先导阀阀口开度；

　　　　C_{d2}——先导阀阀口流量系数；

　　　　d——先导阀孔直径；

　　　　β——先导阀阀芯半锥角。

　　2）先导阀阀口流量方程为

$$q_x = C_{d2}\pi dx \sin\beta \sqrt{\frac{2}{\rho} p_1} \tag{2-8}$$

　　3）作用在主阀阀芯上的液压力、弹簧力和稳态液动力的受力平衡方程为

$$pA = p_1 A_1 + k_y(y_0 + y) + C_{d1}\pi Dy \sin(2\alpha) p \tag{2-9}$$

式中　p——主阀进口压力，主阀出口压力为零；

　　　A——主阀芯下腔受力面积；

　　　A_1——主阀芯上腔受力面积；

　　　k_y——主阀复位弹簧刚度；

　　　y_0——主阀复位弹簧预压缩量；

　　　y——主阀开口开度；

　　　C_{d1}——主阀阀口流量系数；

　　　α——主阀芯半锥角；

　　　D——主阀阀座孔直径。

4）主阀阀口流量为

$$q = C_{d1}\pi Dy\sin\alpha\sqrt{\frac{2}{\rho}p} \tag{2-10}$$

5）流经固定阻尼孔的流量方程为

$$q_1 = q_x = \frac{\pi d_0^4}{128\mu l}(p - p_1) \tag{2-11}$$

式中　d_0——固定阻尼孔直径；

　　　l——固定阻尼孔长度；

　　　μ——油液动力黏度。

从理论上说，在阀的几何尺寸、油液的密度和黏度、阀口流量系数已知，由式（2-7）～式（2-11）可以得出溢流阀的压力-流量特性等。由式（2-7）可以得出先导阀的开启压力方程为

$$p_{1k} = \frac{k_x x_0}{A_x} = \frac{4k_x x_0}{\pi d^2} \tag{2-12}$$

随着阀口的开启，流经先导阀的流量 q_x 增大，也就是流经阻尼孔的流量造成的压力损失增大，当阻尼孔前、后的压力差作用在主阀芯上、下两端的液压力足以克服主阀复位的弹簧力时，主阀开启，其开启压力为

$$p_k = \frac{p_1 A_1 + k_y y_0}{A} \tag{2-13}$$

其中，$p_1 > p_{1k}$。

（2）溢流阀的基本性能。

1）调压范围及压力稳定性。

①调压范围：在给定的调压范围内，要求阀的性能符合要求。根据溢流阀的使用压力不同，一般可以将溢流阀的调压范围分为四级，设计四根自由高度、内径相同而弹簧丝直径不同的调压弹簧，来实现 0.6～8MPa、4～16MPa、8～20MPa、16～32MPa 的四级调压。随着液压技术的不断发展，现在也出现了更高压力的直动式溢流阀，可达 100MPa 以上。本实验中采用 6.3MPa 的先导式溢流阀，其特性应达到规定的调节范围（5.0～6.3MPa），并且压力上升与下降应平稳，不得有尖叫声。

②至调压范围最高值时的压力振摆（在稳定状态下调定压力的波动值）：是表示压力稳定

的主要指标，此时压力表不准安装阻尼，压力振摆应不超过规定值（±0.2MPa）。

③至调压范围最高值时的压力偏移值：1min 内不超过规定值（±0.2MPa）。

2）卸荷压力及压力损失。

①卸荷压力：被测试阀的远控口与油箱直通，阀处在卸荷状态，此时通过实验流量的压力损失称为卸荷压力。卸荷压力应不超过规定值（0.2MPa）。

②压力损失：被测试阀的调压手轮全开，在实验流量下被测试阀进、出油口的压力差即为压力损失。压力损失应不超过规定值（0.4MPa）。

3）启闭特性。启闭特性是指溢流阀从开启到通过额定流量，再由额定流量到闭合的整个过程中，通过溢流阀的流量与其控制压力之间的关系。它是衡量溢流阀性能好坏的一个重要指标。一般用溢流阀处于额定流量、额定压力时，开始溢流时的开启压力及停止溢流时的闭合压力与额定压力的比值来衡量，前者为开启比、后者为闭合比，即

$$\overline{p_k} = \frac{p_k}{p_n} \times 100\% \qquad (2\text{-}14)$$

$$\overline{p_b} = \frac{p_k}{p_n} \times 100\% \qquad (2\text{-}15)$$

开启压力比和闭合压力比越大且二者越接近，则溢流阀的启闭特性越好，一般 $\overline{p_k} \geqslant$ 90%，$\overline{p_b} \geqslant 85\%$。

溢流阀开启特性总是优于闭合特性（思考：分析原因）。

①开启压力：被测试阀调至调压范围最高值，且系统供油量为实验流量时，调节系统压力逐渐升压，当通过被测试阀的溢流量 1%时的系统压力值称为被试阀的开启压力。压力级为 6.3MPa 的溢流阀，规定开启压力不得小于 5.3MPa（额定压力的 85%）。

②闭合压力：被测试阀调至调压范围最高值，且系统供油量为实验流量时，调节系统压力逐渐降低，当通过被测试阀的溢流量 1%时的系统压力值称为被试阀的闭合压力。压力级为 6.3MPa 的溢流阀，规定闭合压力不得小于 5.0MPa（额定压力的 80%）。

③实验中压力值由压力表测出。被测试溢流阀流量较大时通过流量计，溢流量较小时用量杯，可测出容积的变化量 ΔV，计时用秒表。

④根据开启压力和闭合压力的数据，绘制被测试阀的启闭特性曲线。

4）响应性与密封性。当溢流阀作安全阀使用时，要求系统压力超过阀的调定压力值时要迅速开启，要求阀的响应速度快；当系统压力低于阀的调定值时闭合要严，不得出现泄漏，也就是阀的密封性要好。溢流阀的密封性通常使用内泄漏量来衡量，本测试项目在此不作要求。

5）最大流量和最小稳定流量。最大流量和最小稳定流量决定溢流阀的流量调节范围，流量调节范围越大溢流阀的应用范围越广，溢流阀的最大流量也就是它的公称流量，又称额定流量，在此流量工作时溢流阀应该无噪声（合乎要求）。溢流阀的最小流量取决于其压力平稳性的要求，一般为额定流量的 15%。此测试项目仅作了解，不作为测试要求。

3. 实验原理

实验采用 SUST-1A 实验装置进行，其相关液压原理如图 2-3 所示。

4. 实验步骤

首先检查节流阀 10，应处于关闭状态，三位四通电磁阀 17 处于【0 位】或者【断开】。

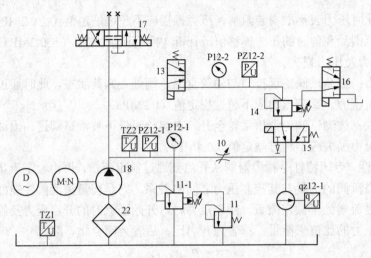

图 2-3   液压系统原理图

（1）调压范围及压力稳定性。在两位三通阀 13 处于【0 位】或者【断开】，将远程调压溢流阀 11 调至比溢流阀 14 的最高调节压力高 10%，即 7.0MPa，然后给电磁阀 13 通电，将被测试阀 14 的压力调至 6.3MPa，测出此时阀的流量作为实验流量。

1）调节被试阀 14 的手轮从全开到全闭，再从全闭到全开，通过压力表观察压力上升与下降的情况，是否均匀，是否有滞后和突变，并测试调压范围。

2）调节被测试阀 14，使其在调压范围内取 5 个压力数值（包括测压范围最高值 6.3MPa），用压力表分别测出压力振摆值，指出最大压力振摆值。

3）调节被试阀 14 至调压范围最高值 6.3MPa，由压力表测量 1min 内的压力偏移值。

（2）卸荷压力及压力损失。

1）卸荷压力。被试阀 14 压力调至 6.3MPa，将两位两通电磁阀 16 通电，被测试阀远控口接油箱，用压力表测量压力值。

2）压力损失。在实验流量下，调节被试阀 14 的调压手轮至全开位置，用压力表测量压力值。实验数据记录见表 2-4。

表 2-4   溢流阀静态性能实验记录

项　　目		序　　号				
		1	2	3	4	5
调压范围	最小值（MPa）					
	最大值（MPa）					
调压值（MPa）		0.5	2.0	3.5	5.0	6.3
压力振摆（MPa）						
压力偏移值（MPa）						
卸荷压力（MPa）						
压力损失（MPa）						

（3）启闭特性。启闭特性这里采用描点法作出，实验数据记录见表 2-5。

表 2-5　　　　　　　　　　　　　　　　**溢流阀启闭特性实验记录**

序号	调定压力 $p_调$ = _____（MPa）				调定压力 $p_调$ = _____（MPa）			
	开启过程				关闭过程			
	设定参数	测试参数		计算结果	设定参数	测试参数		计算结果
	p_{12-2}（MPa）	ΔV（L）	t（s）	q（L/min）	p_{12-2}（MPa）	ΔV（L）	t（s）	q（L/min）
1								
2								
3								
4								
5								
6								
7								
8								
9								
10								
11								
12								
	开启压力 $p_开$				关闭压力 $p_闭$			
	开启比							

实验中测试流量时可以同时观察数显流量计的数字，便于相互对比。

关闭远程调压溢流阀 11，调节被试阀 14 至调压范围最高值 6.3MPa，锁紧调节手轮，此时通过被测试阀的流量为实验流量。

1）闭合特性。调节远程调压溢流阀 11，使系统压力分 8～12 级逐渐降压，测量并记录被试阀各级的压力和溢流量，直至被试阀 14 的溢流量减少到实验流量的 1%，实测中要小于1%，然后用插入法求得闭合压力。

2）开启特性。反向远程调压调节溢流阀 11，从被试阀 14 不溢流开始，逐渐升压，测量并记录被试阀相应的各级压力和溢流量，到实验流量的 1%时，为开启压力，再继续调节压力，直至 6.3MPa。

5. 实验分析

（1）溢流阀的静态性能指标中，压力的稳定性十分重要，其次是启闭特性。

（2）压力的稳定性是控制溢流阀在调定压力长时间工作时，其压力发生变化的极限值，这种变化与阀芯结构、阻尼大小、加工误差、传动介质和温度变化有关。

（3）溢流阀在最大调定压力时开启比最大，随着调定压力的减小，开启特性变差，但是这时调压稳定性比最大调定压力时要好。

6. 实验报告

（1）对上述实验结果进行分析。

（2）绘出启闭特性曲线。

7. 数据处理与思考题

（1）实验数据处理要求：从表2-4中选取一组与同组实验者不同的数据进行实验结果计算。计算过程如下：

（2）当通过被试阀的实际流量不同时，对被试阀的卸荷压力有什么影响？

（3）溢流阀的启闭特性有何意义？启闭特性的好坏对于使用性能有何影响？

绘出溢流阀的启闭特性曲线。

实验 3 节流调速回路特性实验

节流调速回路是由定量泵、流量控制阀、溢流阀、执行元件等组成，它通过改变流量控制阀阀口的开度，即通流面积来调节和控制流入或流出执行元件的流量，以调节其运动速度。节流调速回路按照其流量控制阀类型或安放位置的不同，有进口节流调速、出口节流调速和旁路节流调速三种。流量控制阀采用节流阀或调速阀时，其调速性能各有自己的特点，同时节流阀、调速回路不同，它们的调速性能也有差别，但可以实现无级调速。

1. 实验目的

（1）分析比较采用节流阀、调速阀的节流调速回路中，阀口开度不同时的 $v = f(F_L)$ 特性、$p = f(F_L)$ 特性。

（2）分析比较采用节流阀的进、回、旁路三种调速回路的 $v = f(F_L)$ 特性、$p = f(F_L)$ 特性。

（3）分析比较节流阀、调速阀进油路调速的 $v = f(F_L)$ 特性、$p = f(F_L)$ 特性。

2. 实验原理

（1）采用节流阀的进油路节流调速回路的特性分析。由实验原理图 3-1 知

$$p_{5-2}A_1 - p_{5-3}A_2 = F_L \tag{3-1}$$

式中　A_1、A_2——液压缸无杆腔、有杆腔的面积。

当不计管路的损失时，$p_{5-3} = 0$，则式（3-1）可得

$$p_{5-2} = \frac{F_L}{A_1} \tag{3-2}$$

由此可见，液压缸无杆腔压力值取决于负载 F_L 的大小。

节流阀两端的压差值为

$$\Delta p = p_{4-2} - p_{5-2} = p_{4-2} - \frac{F_L}{A_1} \tag{3-3}$$

通过节流阀进入液压缸的流量为

$$q_1 = C_d A_T \sqrt{\frac{2}{\rho}} (p_{4-2} - p_{5-2}) \tag{3-4}$$

式中　C_d——流量系数；

　　　A_T——节流阀的通流面积；

　　　ρ——油液的密度。

令 $K = C_d \sqrt{\frac{2}{\rho}}$，液压缸的运动速度方程为

$$v = \frac{q_1}{A_1} = \frac{KA_T}{A_1} \sqrt{p_{4-2} - \frac{F_L}{A_1}} \tag{3-5}$$

式（3-5）即为进油节流调速回路的负载特性，该特性表示液压缸的工作速度在通流面积为常数时随负载的变化规律。

（2）采用节流阀的回油路节流调速回路的特性分析。由实验原理图 3-1 可知，活塞杆的受力方程为

$$p_{4-2}A_1 = F_L + p_{5-3}A_2 \tag{3-6}$$

通过节流阀的流量方程为

$$q_2 = KA_T\sqrt{p_{5-3}} \tag{3-7}$$

由式（3-6）和式（3-7）可知，活塞杆的运动速度为

$$v = \frac{q_2}{A_2} = \frac{KA_T}{A_2}\sqrt{\left(p_{4-2} - \frac{F_L}{A_1}\right)\frac{A_1}{A_2}} \tag{3-8}$$

式（3-8）即为回油节流调速回路的负载特性，该特性表示液压缸的工作速度在通流面积为常数时随负载的变化规律。

（3）采用节流阀的旁油路节流调速回路特性分析。由实验回路液压原理图 3-1 可知，图中的节流阀装在液压缸进油管的旁路上，定量泵输出的流量，一部分通过节流阀回油箱，余下的一部分进入液压缸，使活塞向右移动。因此，在分析液压缸活塞杆的运动速度时，应该考虑液压泵泄漏量 Δq_p 的影响，Δq_p 的数值随着负载压力的增加而增加，所以液压缸活塞运动速度的表达式为

$$v = \frac{q_1}{A_1} = \frac{q_{pt} - \Delta q_p - q_3}{A_1} = \frac{q_{pt} - \lambda_p \dfrac{F_L}{A_1} - KA_T\sqrt{\dfrac{F_L}{A_1}}}{A_1} \tag{3-9}$$

式中　q_{pt}——液压泵的理论流量；

　　　λ_p——液压泵的泄漏系数。

式（3-9）即为旁油节流调速回路的负载特性，该特性表示液压缸的工作速度在通流面积为常数时随负载的变化规律。

（4）测试采用调速阀的进油路节流调速回路的特性分析。由实验液压原理图 3-1 可知，通过调速阀的流量为

$$q_1 = KA_T\sqrt{\Delta p_2} \tag{3-10}$$

式中　Δp_2——调速阀中节流阀两端的压差，$\Delta p_2 = p_0 - p_{5-2}$；

　　　p_0——调速阀中节流阀的入口压力。

由调速阀的工作原理可知，若不计作用在定差减压阀阀芯上的摩擦力、液动力及重力，则定差减压阀阀芯上的受力方程为

$$(p_0 - p_{5-2})A_0 = F_s$$

则

$$\Delta p_2 = p_0 - p_{5-2} = \frac{F_s}{A_0} \tag{3-11}$$

式中　A_0——定差减压阀阀芯的有效作用面积；

　　　F_s——定差减压阀阀芯上的弹簧力。

所以液压缸活塞杆的运动速度为

$$v_1 = \frac{q_1}{A_1} = \frac{KA_T}{A_1}\sqrt{\frac{F_s}{A_0}} \tag{3-12}$$

由于定差减压阀弹簧的刚度很小，而且在调速阀工作中，定差减压阀因补偿负载的变化而引起阀芯的位移量也很小，因而可以认为调速阀在工作中其弹簧力 F_s 为常数，压差 $\Delta p_2 = \dfrac{F_s}{A_0}$ 也为常数，一般取节流阀阀口的压差 $\Delta p_2 = 0.2 \sim 0.3 \text{MPa}$。

因此由式（3-12）可知，只要调速阀阀口开度的通流面积为常数，无论负载如何变化，v_1 都不变化而为常数。因此，调速阀进油节流调速回路的速度刚度为无穷大（不考虑回路泄漏等因素的影响）。

3. 实验方法

图 3-1 所示为 SUST-1A 型液压实验台节流调速回路性能实验的液压系统原理图。该液压系统由两个回路组成，图中左半部是工作部分（调速回路），主要有液压泵 1、电磁换向阀 3、调速阀 6、节流阀 7～9、工作液压缸 19；右半部则是加载部分（加载回路），主要有液压泵 18、溢流阀 11、电磁换向阀 17、加载液压缸 20。

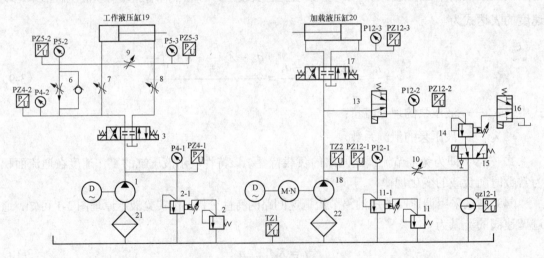

图 3-1　实验台液压系统原理图

在加载回路中，当压力油进入加载液压缸 20 右腔时，由于加载液压缸活塞杆与调速回路工作液压缸 19（以下简称工作缸）的活塞杆将处于同心位置直接对顶，而且它们的缸筒都固定在工作台上，因此工作液压缸的活塞杆受到一个向左的作用力（负载 F_L），调节溢流阀 11 就可以改变 $p_{12\text{-}3}$ 压力的大小，从而可以改变工作液压缸负载 F_L 的大小。

在调速回路中，工作液压缸 19 的活塞杆的工作速度 v 与节流阀（或调速阀）的通流面积 A_T、溢流阀调定压力 $p_{4\text{-}1}$（泵 1 的供油压力）及负载 F_L 有关。而在一次工作过程中，通流面积 A_T 和 $p_{4\text{-}1}$ 都预先调定不再变化，此时活塞杆运动速度 v 只与负载 F_L 有关。v 与 F_L 之间的关系，称为节流调速回路的速度负载特性 $v = f(F_L)$。

阀的通流面积 A_T 和 p_{4-1} 确定之后，改变负载 F_L 的大小，同时测出相应的工作液压缸活塞杆速度 v，就可测得一条速度负载特性曲线。

用秒表直接测量 200mm 行程所需的时间 t，工作液压缸活塞运动速度 v 为

$$v = \frac{L}{t} (\text{mm/s})$$

式中　L——工作液压缸活塞杆的运动行程，实验装置运动行程为 200mm；

　　　t——工作液压缸活塞杆运动的时间。

$$F_L = p_{12-3} A_{12-3}$$

式中　p_{12-3}——负载液压缸 20 无杆腔的压力，MPa；

　　　A_{12-3}——负载液压缸无杆腔的有效面积，A_{12-3}=12.56cm^2。

4．实验回路的调整（可以不做）

（1）加载回路的调整。启动液压泵 18 前，将远程调压溢流阀 11 先导阀的调压手轮旋松，直到先导阀弹簧不受力为止，关闭节流阀 10。

启动液压泵 18，调整远程调压溢流阀 11 的手轮（使实验回路中压力 p_{12-1}=0.5MPa），转换电磁换向阀 17 的控制按钮，使电磁换向阀 17【左位】、【右位】切换，加载液压缸 20 的活塞往复动作，然后使活塞杆处于退回位置，准备实验。

（2）工作回路的调整。启动液压泵 1 前，将远程调压溢流阀 2 的调压手轮旋松，直到先导阀弹簧不受力为止。

启动油泵 1 后，慢慢扭紧远程调压溢流阀 2，使回路中压力 p_{4-1} 处于 0.5MPa。转换电磁阀 3 的控制按钮，使电磁换向阀 3【左位】、【右位】切换，工作液压缸 20 的活塞往复动作，最后使工作液压缸退回，准备实验。

5．实验步骤

（1）采用节流阀的进油路节流调速回路的负载特性实验。

1）开启液压泵 1 和 18 前，先调节调速回路中的相关调速阀件的状态（见表 3-1）。

表 3-1　　　　　　　　采用节流阀的进油路节流调速回路阀件调整

阀的编号	调速阀 6	节流阀 7	节流阀 8	节流阀 9
阀开度状态	全关	调整阀开度两次	全开	全关

注　表中要求全开、全闭的阀件不可以处于半开半闭的状态，要求调节开度两次的阀件，通流面积要适当，保证液压缸活塞杆一定的运动速度。

2）将调速回路节流阀 7 的通流面积 A_T 调到较大的位置（不要调到最大）；将远程调压溢流阀 2 和 11 的调压手轮旋松，直到先导阀弹簧不受力为止，避免液压泵 1 和 18 带压启动。

3）启动液压泵 1（一号电机），调定泵的压力 p_{4-1}（建议 3.5～4.0MPa），电磁换向阀 3 左位通电，使工作液压缸活塞杆退回；启动液压泵 18（二号电机），使其出口压力最低，电磁换向阀 17 左位通电，加载液压缸活塞杆向前伸出，两液压缸的活塞杆进行对顶，为实验做好准备。

4）用远程调压溢流阀 11 调整系统 p_{12-3} 的压力值为空载压力值（此数值不要记录在实验表格中），然后电磁换向阀 3 右位通电，这时工作缸活塞杆推动加载缸活塞杆向右移动，在活

塞杆从左向右的运动过程中，记录压力表 P4-1、P4-2、P5-2、P5-3、P12-3 数值（记录在表 3-5 中），以及活塞杆从开始运动到停止的时间，然后电磁换向阀 3 左位通电，工作液压缸退回、加载液压缸跟随伸出。

5）逐次用远程调压溢流阀 11 调节加载液压缸活塞腔的压力 p_{12-3}，其数值以 0.3～0.5MPa 为公差的等差级数增加，分别记录工作液压缸活塞杆从左向右运动过程中压力表 P4-1、P4-2、P5-2、P5-3、P12-3 的数值，以及活塞杆从开始运动到停止的时间，一直到工作液压缸 19 活塞杆从左向右不动为止。注意当活塞杆不动时，也要记录相应的实验数据。

6）松开远程调压溢流阀 2 和 11 的调压手轮使液压泵的出口压力降到最低。

7）调节节流阀 7 的通流面积 A_T 到小的位置（注意使液压缸的运动速度适中），重复实验步骤 2）～5）。

8）旋转电磁换向阀 3 和 17 控制旋钮使工作液压缸 19、加载液压缸 20 的活塞杆都缩回。

9）松开远程调压溢流阀 2 和 11 的调压手轮，使系统压力降到最低。

10）分别停止液压泵 1 和 18（或者一号电机、二号电机）。

（2）采用节流阀的回油路节流调速回路的负载特性实验。

1）开启液压泵 1 和 18 前，先调节调速回路中的相关调速阀件的状态（见表 3-2）。

表 3-2　　　　　　　　　　采用节流阀的回油路调速回路阀件调整

阀的编号	调速阀 6	节流阀 7	节流阀 8	节流阀 9
阀开度状态	全关	全开	调整阀开度两次	全关

注　表中要求全开、全闭的阀件不可以处于半开半闭的状态，要求调节开度两次的阀件，通流面积要适当，保证液压缸活塞杆一定的运动速度。

2）将调速回路节流阀 8 的通流面积 A_T 调到较大的位置（不要调到最大）；将远程调压溢流阀 2 和 11 的调压手轮旋松，直到先导阀弹簧不受力为止，避免液压泵 1 和 18 带压启动。

3）启动液压泵 1（一号电机），调定泵的压力 p_{4-1}（建议 3.5～4.0MPa），电磁换向阀 3 左位通电，使工作液压缸活塞杆退回；启动液压泵 18（二号电机），使其出口压力最低，电磁换向阀 17 左位通电，加载液压缸活塞杆向前伸出，两活塞杆对顶，为实验做好准备。

4）用远程调压溢流阀 11 调整系统 p_{12-3} 的加载压力值为空载（此数值不要记录在实验表格中），然后电磁换向阀 3 右位通电，这时工作缸活塞杆推动加载缸活塞杆向右移动，在活塞杆从左向右的运动过程中，记录压力表 P4-1、P4-2、P5-2、P5-3、P12-3 数值（记录在表 3-6 中），以及活塞杆从开始运动到停止的时间，然后电磁换向阀 3 左位通电，工作液压缸退回、加载液压缸跟随伸出。

5）逐次用远程调压溢流阀 11 调节加载液压缸活塞腔的压力 p_{12-3}，其数值以 0.3～0.5MPa 为公差的等差级数增加，分别记录工作液压缸活塞杆从左向右运动过程中压力表 P4-1、P4-2、P5-2、P5-3、P12-3 的数值，以及活塞杆从开始运动到停止的时间，一直到工作液压缸 19 活塞杆从左向右不动为止。注意当活塞杆不动时，也要记录相应的实验数据。

6）松开远程调压溢流阀 2 和 11 的调压手轮使液压泵的出口压力降到最低。

7）调节节流阀 8 的通流面积 A_T 到较小的位置（注意使液压缸的运动速度适中），重复实验步骤 2）～5）。

8）旋转电磁换向阀 3 和 17 控制旋钮使工作液压缸 19、加载液压缸 20 的活塞杆都缩回。

9）松开远程调压溢流阀 2 和 11 的调压手轮，使系统压力降到最低。

10）分别停止液压泵 1 和 18（或者一号电机、二号电机）。

（3）采用节流阀的旁油路节流调速回路的负载特性实验。

1）开启液压泵 1 和 18 前，先调节调速回路中的相关调速阀件的状态（见表 3-3）。

表 3-3   采用节流阀的旁油路调速回路阀件调整

阀的编号	调速阀 6	节流阀 7	节流阀 8	节流阀 9
阀开度状态	全关	全开	全开	调整阀开度两次

注　表中要求全开、全闭的阀件不可以处于半开半闭的状态，要求调节开度两次的阀件，通流面积要适当，保证液压缸活塞杆一定的运动速度。

2）将调速回路节流阀 9 的通流面积 A_T 调到较大的位置（不要调到最大），将远程调压溢流阀 2 和 11 的调压手轮旋松，直到先导阀弹簧不受力为止，避免液压泵 1 和 18 带压启动。

3）启动液压泵 1（一号电机），调定泵的压力 p_{4-1}（建议 3.5～4.0MPa），电磁换向阀 3 左位通电，使工作液压缸活塞杆退回；启动液压泵 18（二号电机），使其出口压力最低，电磁换向阀 17 左位通电，加载液压缸活塞杆向前伸出，两活塞杆对顶，为实验做好准备。

4）用远程调压溢流阀 11 调整系统 p_{12-3} 的压力值为空载压力值（此数值不要记录在实验表格中）；电磁换向阀 3 右位通电，这时工作缸活塞杆推动加载缸活塞杆向右移动，在活塞杆从左向右的运动过程中，记录压力表 P4-1、P4-2、P5-2、P5-3、P12-3 数值（记录在表 3-7 中），以及活塞杆从开始运动到停止的时间；然后电磁换向阀 3 左位通电，工作液压缸退回、加载液压缸跟随伸出。

5）逐次用远程调压溢流阀 11 调节加载液压缸活塞腔的压力 p_{12-3}，其数值以 0.3～0.5MPa 为公差的等差级数增加，分别记录工作液压缸活塞杆从左向右运动过程中压力表 P4-1、P4-2、P5-2、P5-3、P12-3 的数值，以及活塞杆从开始运动到停止的时间，一直到工作液压缸 19 活塞杆从左向右不动为止。注意当活塞杆不动时，也要记录相应的实验数据。

6）松开远程调压溢流阀 2、溢流阀 11 的调压手轮使液压泵的出口压力降到最低。

7）调节节流阀 9 的通流面积 A_T 到小的位置（注意使液压缸的运动速度适中），重复实验步骤 2）～5）。

8）旋转电磁换向阀 3 和 17 控制旋钮使工作液压缸 19、加载液压缸 20 的活塞杆都缩回。

9）松开远程调压溢流阀 2 和 11 的调压手轮，使系统压力降到最低。

10）分别停止液压泵 1 和 18（或者一号电机、二号电机）。

（4）采用调速阀的进油路节流调速回路的负载特性实验。

1）开启液压泵 1、液压泵 18 前，先调节调速回路中的相关调速阀件的状态（见表 3-4）。

表 3-4　　　　　　　　　　采用调速阀的进油路调速回路阀件调整

阀的编号	调速阀 6	节流阀 7	节流阀 8	节流阀 9
阀开度状态	调整阀开度两次	全关	全开	全关

注　表中要求全开、全闭的阀件不可以处于半开半闭的状态，要求调节开度两次的阀件，通流面积要适当，保证液压缸活塞杆一定的运动速度。

2）将调速回路调速阀 6 的通流面积 A_T 调到较大的位置（不要调到最大），将远程调压溢流阀 2 和 11 的调压手轮旋松，直到先导阀弹簧不受力为止，避免液压泵 1 和 18 带压启动。

3）启动液压泵 1（一号电机），调定泵的压力 p_{4-1}（建议 3.5～4.0MPa），电磁换向阀 3 左位通电，使工作液压缸活塞杆退回；启动液压泵 18（二号电机），使其出口压力最低，电磁换向阀 17 左位通电，加载液压缸活塞杆向前伸出，两活塞杆对顶，为实验做好准备。

4）用远程调压溢流阀 11 调整系统 p_{12-3} 的压力值为空载压力值（此数值不要记录在实验表格中）；电磁换向阀 3 右位通电，这时工作缸活塞杆推动加载缸活塞杆向右移动，在活塞杆从左向右的运动过程中，记录压力表 P4-1、P4-2、P5-2、P5-3、P12-3 数值（记录在表 3-8 中），以及活塞杆从开始运动到停止的时间；然后电磁换向阀 3 左位通电，工作液压缸退回、加载液压缸跟随伸出。

5）逐次用远程调压溢流阀 11 调节加载液压缸活塞腔的压力 p_{12-3} 数值以 0.3～0.5MPa 为公差的等差级数增加，分别记录工作液压缸活塞杆从左向右运动过程中压力表 P4-1、P4-2、P5-2、P5-3、P12-3 的数值，以及活塞杆从开始运动到停止的时间，一直到工作液压缸 19 活塞杆从左向右不动为止。注意当活塞杆不动时，也要记录相应的实验数据。

6）松开远程调压溢流阀 2 和 11 的调压手轮使液压泵的出口压力降到最低。

7）调节调速阀 6 的通流面积 A_T 到小的位置（注意使液压缸的运动速度适中），重复实验步骤 2）～5）。

8）旋转电磁换向阀 3 和 17 控制旋钮使工作液压缸 19、加载液压缸 20 的活塞杆都缩回。

9）松开远程调压溢流阀 2 和 11 的调压手轮，使系统压力降到最低。

10）分别停止液压泵 1 和 18（或者一号电机、二号电机）。

6. 实验记录

实验记录入表 3-5～表 3-8。

7. 实验报告

用坐标纸分别绘制实验曲线 $v=f(F_L)$ 特性和 $p=f(F_L)$ 特性。

（1）在四个坐标系中分别绘制节流阀的进口、出口、旁路及调速阀进口节流调速负载特性曲线 [$v=f(F_L)$ 特性，阀口开度大小各一条]。

（2）在两个坐标系中以阀口开度大绘制节流阀进口、出口及旁油路节流调速负载特性曲线 [$v=f(F_L)$ 特性，$p=f(F_L)$ 特性]。

（3）在两个坐标系中分别以阀口开度大绘制节流阀、调速阀进油路节流调速负载特性曲线 [$v=f(F_L)$ 特性，$p=f(F_L)$ 特性]。

注意，工作缸的输入功率 $P_1=\dfrac{p_{5-2}q_1}{60}$；液压泵的输出功率 $P_p=\dfrac{p_{4-1}q_p}{60}$，$q_p$ 为泵的流量。

表3-5　采用节流阀进油路节流调速回路（液压缸的行程 L=200mm，加载缸活塞腔的面积 A_1=12.56cm²）

参数设置			测 试 参 数						计 算 结 果				
P_{4-1} (MPa)	阀口开度	序号	P_{4-1} (MPa)	P_{4-2} (MPa)	P_{5-2} (MPa)	P_{5-3} (MPa)	P_{12-3} (MPa)	t (s)	F_L (N)	v (cm/s)	q_1 (L/min)	P (kW)	P_p (kW)
	大	1											
		2											
		3											
		4											
		5											
		6											
		7											
		8											
		9											
	小	1											
		2											
		3											
		4											
		5											
		6											
		7											
		8											
		9											

注：1. 所有的测试参数均为工作缸运动过程中所测数据。
2. 加载缸压力的给定值，应该包括加载压力等于零和加载压力最大两点在内。

表 3-6   采用节流阀回油路节流调速回路（液压缸的行程 $L=200\text{mm}$，加载缸活塞腔的面积 $A_1=12.56\text{cm}^2$）

参数设置		测 试 参 数							计 算 结 果				
阀口开度	序号	$p_{4\text{-}1}$ (MPa)	$p_{4\text{-}2}$ (MPa)	$p_{5\text{-}2}$ (MPa)	$p_{5\text{-}3}$ (MPa)	$p_{12\text{-}3}$ (MPa)	t (s)	F_L (N)	v (cm/s)	q_1 (L/min)	P (kW)	P_p (kW)
大	1											
	2											
	3											
	4											
	5											
	6											
	7											
	8											
	9											
小	1											
	2											
	3											
	4											
	5											
	6											
	7											
	8											
	9											

注   1. 所有的测试参数均为工作缸运动过程中所测数据。

2. 加载缸压力的给定值，应该包括加载压力等于零和加载压力最大两点在内。

参数设置列还有 $p_{4\text{-}1}$ (MPa)

表 3-7　采用节流阀旁油路节流调速回路（液压缸的行程 $L=200mm$，加载缸活塞腔的面积 $A_1=12.56cm^2$）

参数设置			测　试　参　数							计　算　结　果			
p_{4-1} (MPa)	阀口开度	序号	p_{4-1} (MPa)	p_{4-2} (MPa)	p_{5-2} (MPa)	p_{5-3} (MPa)	p_{12-3} (MPa)	t (s)	F_L (N)	v (cm/s)	q_1 (L/min)	P (kW)	P_p (kW)
	大	1											
		2											
		3											
		4											
		5											
		6											
		7											
		8											
		9											
	小	1											
		2											
		3											
		4											
		5											
		6											
		7											
		8											
		9											

注：1. 所有的测试参数均为工作缸运动过程中所测数据。

　　2. 加载缸压力为给定值，应该包括加载压力等于零和加载压力最大两点在内。

表3-8　采用调速阀进油路节流调速回路（液压缸的行程 $L=200\text{mm}$，加载缸活塞腔的面积 $A_1=12.56\text{cm}^2$）

参数设置			测 试 参 数						计 算 结 果				
p_{4-1} (MPa)	阀口开度	序号	p_{4-1} (MPa)	p_{4-2} (MPa)	p_{5-2} (MPa)	p_{5-3} (MPa)	p_{12-3} (MPa)	t (s)	F_L (N)	v (cm/s)	q_1 (L/min)	P (kW)	P_p (kW)
	大	1											
		2											
		3											
		4											
		5											
		6											
		7											
		8											
		9											
	小	1											
		2											
		3											
		4											
		5											
		6											
		7											
		8											
		9											

注　1. 所有的测试参数均为工作缸运动过程中所测数据。

2. 加载缸压力的给定值，应该包括加载压力等于零和加载压力最大两点在内。

绘制节流阀进油路、回油路节流调速特性曲线 $v = f(F_L)$。

绘制节流阀旁油路、调速阀进油路节流调速特性曲线 $v = f(F_L)$。

在两个坐标系中以阀口开度大绘制节流阀进口、出口及旁油路节流调速负载特性曲线 $[v=f(F_L)，\quad p=f(F_L)]$。

在两个坐标系中分别以阀口开度大绘制节流阀、调速阀进油路节流调速特性曲线 $[v = f(F_L)$，$p = f(F_L)]$。

8. 数据处理与思考题

（1）数据处理。

1）从表 3-5 中选取一组与同组实验者不同的数据进行实验结果计算，计算过程如下：

2）从表 3-6 中选取一组与同组实验者不同的数据进行实验结果计算，计算过程如下：

3）从表 3-7 中选取一组与同组实验者不同的数据进行实验结果计算，计算过程如下：

4）从表 3-8 中选取一组与同组实验者不同的数据进行实验结果计算，计算过程如下：

（2）采用调速阀的进油路节流调速回路中，为什么速度负载特性变硬（速度刚度变大），而最后速度却下降得很快？

（3）分析并观察各种节流调速回路液压泵出口压力的变化规律，指出哪种调速情况下功率较大，哪种比较经济。

（4）各种节流调速回路中液压缸最大承载能力各取决于什么参数？

（5）进油路和回油路节流调速回路中的溢流阀与旁油路节流调速中的溢流阀在用途上有什么差别？

（6）查阅有关资料，说明液压缸 19 的机械效率如何确定。假设输出力通过液压缸 19 与 20 的活塞杆间增加一个力传感器来测量，请画出完整的实验原理图，写出实验方法。

第Ⅲ部分 整体传动装置稳态性能实验

1. 实验装置

SUST-6 实验装置（见图Ⅲ-1）是由液压操作台和电器控制台两部分组成的。液压操作台主要由变量液压泵、变量液压马达、补油泵、加载泵、流量计及溢流阀、节流阀等构成的集成块组成；电器控制台主要由电气控制元件、各种测量数显仪表组成。

图Ⅲ-1 SUST-6 液压实验台

2. 实验项目

（1）液压泵、马达的性能实验。

（2）容积调速实验（三种调速回路）。

（3）容积调速机械特性实验。

3. 实验设备

实验台液压原理如图Ⅲ-2 所示。

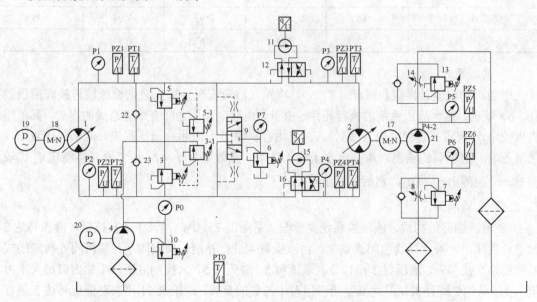

图Ⅲ-2 实验台液压系统原理图

实验 4　液压元件性能测试实验

整体传动装置稳态性能实验部分的液压元件性能测试实验，是指轴向柱塞泵、轴向柱塞马达的性能实验，这部分实验项目可使学生更多地了解液压元件的参数及性能测试方法。

实验 4.1　柱塞泵性能测试实验

1. 实验目的

（1）了解液压柱塞泵的性能参数。

（2）掌握变量泵的实验方法。

（3）绘制液压泵 $q_p = f(p)$、$\eta_{Vp} = f(p)$ 及 $\eta_p = f(p)$ 的曲线。

2. 液压泵性能参数及要求

为了使液压泵高效能地完成能量转换，国家标准对液压泵等元件提出了各项性能参数。

液压泵参数包括排量、容积效率和总效率、自吸性能、变量特性、噪声、低温性能、高温性能、超速性能、超载性能、抗冲击性能、满载性能、密封性能、耐久性等。

其中，定量柱塞泵的容积效率与总效率应符合表 4-1 的要求，变量柱塞泵指标可比相同排量的定量泵指标低 1%。轴向柱塞泵的容积效率和总效率要求见表 4-1。

表 4-1　　　　　　柱塞泵的容积效率与总效率要求（JB/T 7043—2006）

泵的参数	斜盘式轴塞泵			斜轴式柱塞泵	
公称排量 V（mL/r）	2.5	$10 \leqslant V < 25$	$25 \leqslant V < 500$	$10 \leqslant V < 25$	$25 \leqslant V \leqslant 500$
容积效率（%）	≥80	≥91	≥92	≥94	≥95
总效率（%）	≥75	≥86	≥87	≥84	≥85

3. 实验原理

电动机把电能转换成机械能（T，n），再输入给液压泵，液压泵把机械能转换成液压能（p，q）输出，送至液压系统的执行元件。由于泵内运动部件之间有摩擦造成的损失，其值用机械效率 η_m 表示；容积损失（泄漏），其值用容积效率 η_V 表示；液压损失，此项损失较小，通常忽略。所以泵的输出功率必定小于输入功率，总效率为 $\eta_p = \eta_V \eta_m$。要直接测定 η_m 比较困难，一般测出 η_V 和 η_p，然后计算出 η_m。

（1）实验回路。

1）液压回路的构成。液压泵系统原理图（见图Ⅲ-2）中，油泵 1 为被试泵，液压马达 2 气动负载作用，液压系统为闭式系统，由液压泵 4 进行补油、换向阀 9 与溢流阀 6 构成闭式系统的热交换部分，液压泵 1 出口并联溢流阀 3、溢流阀 5，来控制液压泵 1 的出口最大压力值，液压马达 2 既是被试马达又是给液压泵 1 加载的负载，液压泵 21 用来对液压马达 2 进行加载，而液压泵 21 出口的压力值又是由溢流阀 7 和 13 或者节流阀 8 和 14 来控制。

2）液压回路的能量转化。电动机 19 把电能转换成机械能，机械能的大小通过转矩转速传感器 18 来测量，液压泵 1 把机械能转化为液压能，其进、出口皆装有压力传感器、温度传感器；液压马达 2 把液压能再转换成机械能，其进、回油口也装有压力传感器、温度传感器。液压泵 21 将液压马达 2 输出的机械能再转化成液压能，其吸、排油口均装有压力传感器，来测试加载压力的大小。液压马达 2 的进、出口皆装有涡轮流量传感器，用来测试液压泵的出口、液压马达进出口的流量大小。

（2）液压泵的性能参数。

1）流量-压力特性 $q_p = f(p)$。通过测定被试泵在不同工作压力下的实际流量，得出它的流量-压力特性曲线 $q = f(p)$。调节节流阀 8 和 14 或者溢流阀 7 和 13，即得到被试泵的不同压力值与流量值。由于液压系统电机功率配置较低，建议液压泵、液压马达加载压力值不要超过 15MPa。

2）容积效率特性 $\eta_{Vp} = f(p)$。在规定的条件下，泵实际输出流量与理论排量和轴的转速乘积之比（实验台通常以空载时测的流量代替这个数值），用来评价油液泄漏损失程度的参数，则

$$\eta_{Vp} = \frac{q_p}{q_t} \tag{4-1}$$

式中　q_p——液压泵的实际输出流量，L/min；

　　　q_t——液压泵的理论输出流量，L/min。

在实际生产中，液压泵的理论流量一般不用液压泵设计时的几何参数和运动参数计算，通常以空载流量代替理论流量。本实验中应在节流阀或者溢流阀压力最低的情况下测出泵的空载流量。

3）总效率 $\eta_p = f(p)$。液压泵输出的功率与输入给液压泵的功率之比为

$$\eta_p = \frac{P_{op}}{P_{ip}} = \eta_{Vp}\eta_{mp} \tag{4-2}$$

液压泵的输入功率 P_{ip} 为

$$P_{ip} = \frac{Tn}{9550}\,(\text{kW}) \tag{4-3}$$

式中　T——液压泵的输入转矩，N·m；

　　　n——液压泵的转速，r/min。

本实验中液压泵的输入功率、转矩及转速都可以通过微机扭矩仪直接读出。

液压泵的输出功率 P_{op} 为

$$P_{op} = \frac{\Delta p q_p}{60} = \frac{(p_{p1} - p_{p2})q}{60}\,(\text{kW}) \tag{4-4}$$

式中　Δp——液压泵吸排油口压差，$\Delta p = p_{p1} - p_{p2}$，MPa；

　　　q_p——液压泵输出的流量，L/min。

4）机械效率特性 $\eta_m = f(p)$。液压泵的机械效率 η_{mp} 可以定义为液压泵的理论驱动转矩 T_t 与实际输入转矩 T_p 之比，用来评价摩擦损失程度的参数，但是要得到损失转矩比较困难，

所以

$$\eta_{mp} = \frac{\eta_p}{\eta_{Vp}} \tag{4-5}$$

4. 实验步骤

（1）启动液压泵前，溢流阀的调压手轮旋松，防止系统带压启动（溢流阀 3-1、5-1、7、13，节流阀 8、14）。

（2）启动补油泵（二号泵），等系统压力表 P0、P1、P2 都达到同一压力值后进行下一步操作。

（3）启动主油泵（一号泵），调节热交换回路背压溢流阀 6 的压力为 $p_7=0.5$MPa（一般不需要调节）。

（4）将液压泵排量 V_p 的调节机构（建议调到正向 $x_p=0.6\sim0.7x_{pmax}$）、马达排量 V_m 的调节机构（建议调到正向 $0.8x_{mmax}$ 的位置）。

（5）关闭加载泵 21 进出口的节流阀及溢流阀。

（6）调节系统的溢流阀 3-1 或者溢流阀 5-1，使系统压力达到 15MPa。

（7）松开加载溢流阀 13 的手轮，使加载泵的压力在最低值，这时系统压力处于最低值，可以读出相应仪表的参数。

（8）调节加载泵 21 出口的加载溢流阀 21，按照要求逐渐对液压柱塞泵进行加载，得到不同压力值下的相应参数。

（9）实验结束后先把加载溢流阀 7、13 卸载，溢流阀 3-1 或者 5-1 调压手轮松开，使系统压力降到最低值。

（10）先停止一号泵，然后停止二号泵。

5. 实验数据与结果分析

（1）轴向柱塞泵实验数据记录与处理填入表 4-2。

表 4-2   轴向柱塞泵实验数据记录与处理

序号	液压泵参数	1	2	3	4	5	6	7	8	9	10	11	12
1	吸油口压力 p_{p1}（MPa）												
	排油口压力 p_{p2}（MPa）												
2	流量 q_1（L/min）												
3	输入转矩（N·m）												
	转速（r/min）												
4	输入功率（kW）												
	输出功率（kW）												
5	吸油口温度 T_{p1}（℃）												
	排油口油温 T_{p2}（℃）												
6	泵容积效率（%）												
	泵机械效率（%）												
	泵总效率（%）												

（2）在同一坐标系中绘制液压泵 $q_p = f(p)$、$\eta_{Vp} = f(p)$ 及 $\eta_p = f(p)$ 的曲线。

实验 4.2 液压马达性能测试实验

1. 实验目的

（1）了解马达的性能参数。

（2）掌握马达的实验方法。

（3）绘制液压马达的 $q_m = f(p)$、$\eta_{Vm} = f(p)$ 及 $\eta_m = f(p)$ 的曲线。

2. 柱塞液压马达的实验项目及要求

为了使液压马达高效能地完成能量转换，国家标准对液压马达等元件提出了各项性能参数。表 4-3 为 JB/T 10829—2008 规定的部分液压马达试验项目与方法。

表 4-3   液压马达试验项目与方法（JB/T 10829—2008）

序号	试验项目	试 验 方 法	试验类型
1	排量试验	按照 GB/T 7936 的规定进行	必试
2	容积效率试验	在额定转速条件下，分别测量马达在空载压力和额定压力时的实际转速、输入流量、输出流量和内泄漏量	必试
3	总效率试验	在额定转速、额定压力下，测量马达的输出转矩、实际转速、输入压力、输出压力、输入流量、输出流量和内泄漏量	抽试
4	变量特性试验	根据变量的控制方式，测量不同的控制量与被控制量之间的对应数据	必试
5	起动效率试验	在额定压力下，零转速及在要求的背压条件下，分别测出马达输出轴处于不同的相位角（12 个点）输出的转矩，以所得的最小输出转矩计算气动效率	型式试验
6	低速性能试验	在额定压力下，改变马达的转速，目测马达运转的稳定性，以不出现肉眼看见的爬行的最低转速，为马达的最低稳定转速	型式试验
7	超载试验	在额定转速下，最高压力或者125%的额定压力运转不少于1min	抽试
8	外渗漏检查	上述全部试验过程中，检查动静密封部位，不应有外渗漏	必检

3. 液压马达参数

液压马达参数包括容积效率、总效率、输入流量、输出转矩、机械效率，启动效率、最低转速等。

其中，液压定量马达的容积效率与总效率应符合表 4-4 的要求，变量液压马达指标可比相同排量的定量泵指标低 1%。定量液压柱塞马达的容积效率和总效率要求见表 4-5。

表 4-4   液压柱塞马达容积效率与总效率要求（JB/T 10829—2008）

额定压力（MPa）	效率（%）	公称排量（mL/r）					
		$2.5 \leqslant V < 10$	$10 \leqslant V < 25$	$25 \leqslant V < 80$	$80 \leqslant V < 160$	$160 \leqslant V < 250$	$V > 250$
≥21~41	容积效率	≥88	≥92	≥94	≥95	≥95	≥96
	总效率	≥78	≥79	≥82	≥83	≥85	≥87

表 4-5　　　　　　　　　　　　　液压马达的起动效率和最低转速

马达参数	柱塞马达			齿轮马达			叶片马达		
排量（mL/r）	≤25	>25~160	>160	≤25	>25~100	>100	≤25	>25~160	>160
起动效率（%）	≥65	≥72	≥80	≥65	≥68	≥70	≥65	≥68	≥70
最低转速（r/min）	200	150	100	600	500	500	600	500	400

4. 实验原理

电动机把电能转换成机械能（T, n），再输入给液压泵，液压泵把机械能转换成液压能（p, q）输出，再送至液压马达，液压马达把液压能转化为机械能。由于液压马达内运动部件之间有摩擦造成的损失，其值用机械效率 η_{mm} 表示；容积损失（泄漏），其值用容积效率 η_{Vm} 表示。总效率为 $\eta_m = \eta_{Vm}\eta_{mm}$，要直接测定 η_{mm} 比较困难，一般测出 η_{Vm} 和 η_m，然后计算出 η_{mm}。液压马达属于液压执行元件，通常安装在液压系统的输出端，直接或间接地驱动负载，把液压能转换成机械能，其输出的参数为转矩 T、转速 n。

（1）实验回路分析

1）液压回路的构成。液压泵系统原理图（见图Ⅲ-2）中，柱塞泵 1 输出的高压油送给马达 2，使其转动。由于液压系统为闭式系统，由液压泵 4 进行补油、换向阀 9 与溢流阀 6 构成闭式系统的热交换部分，液压泵 1 出口并联溢流阀 3、溢流阀 5，来控制液压泵 1 的出口最大压力值，液压马达 2 是被试马达，液压泵 21 用来对液压马达 2 进行加载，而液压泵 21 出口的压力值又是由溢流阀 7 和 13 或者节流阀 8 和 14 来控制。

2）液压回路的能量转化。电动机 19 把电能转换成机械能，机械能的大小通过转矩转速传感器 18 来测量，液压泵 1 把机械能转化为液压能，液压马达 2 把液压能再转换成机械能。液压泵 21 将液压马达 2 输出的机械能再转化成液压能。

（2）液压马达的性能参数。

1）流量-压力特性 $q_m = f(p)$。通过测定被试液压马达在不同工作压力下的实际流量，得出它的流量-压力特性曲线。调节节流阀 8 和 14 或者溢流阀 7 和 13，即得到被试泵、被试马达的不同压力值与流量值。由于液压系统电机功率配置较低，建议液压泵、液压马达加载压力值不要超过 15MPa。

2）容积效率特性 $\eta_{Vm} = f(p)$。液压马达的容积效率 η_{Vm} 为其空载压力时输入排量 V_{om} 与实验时输入排量 V_m 之比，即

$$\eta_{Vm} = \frac{q_{om}}{q_m} \times \frac{n_m}{n_{om}} \tag{4-6}$$

3）总效率 $\eta_m = f(p)$。液压马达的总效率 η_m 等于其实际输出功率 P_{om} 与其实际输入功率 P_{im} 之比，即

$$\eta_m = \frac{P_{om}}{P_{im}} = \eta_{Vm}\eta_{mm} \tag{4-7}$$

4）机械效率特性 $\eta_{mm} = f(p)$。液压马达的机械效率 η_{mm} 可以定义为液压马达的实际输出转矩 T_m 与理论转矩 T_t 之比，根据实验具体情况，可以计算出马达的机械效率为

$$\eta_{mm} = \frac{\eta_m}{\eta_{Vm}} \qquad\qquad (4\text{-}8)$$

5）起动效率 η_{hm}。

$$\eta_{hm} = \frac{2\pi T_2}{\Delta P V_{om}} \qquad\qquad (4\text{-}9)$$

式中　T_2——马达输出转矩；

　　　Δp——输入输出压力差；

　　　V_{om}——空载压力时输入排量。

5. 实验步骤

（1）启动液压泵前，溢流阀的调压手轮旋松，防止系统带压启动（溢流阀 3-1、5-1、7、13，节流阀 8、14）。

（2）启动补油泵（二号泵），等系统压力表 P0、P1、P2 都达到同一压力值后进行下一步操作。

（3）启动主油泵（一号泵），调节热交换回路背压溢流阀 6 的压力为 $p_7=0.5$MPa。

（4）将液压泵排量 V_p 的调节机构（建议调到正向 $x_p=0.6\sim0.7x_{pmax}$）、马达排量 V_m 的调节机构（建议调到正向 $0.8x_{mmax}$ 的位置）。

（5）关闭加载泵 21 进出口的节流阀及溢流阀。

（6）调节系统的溢流阀 3-1 或者溢流阀 5-1，使系统压力达到 15MPa。

（7）松开加载溢流阀 13 的手轮，使加载泵的压力在最低值，这时系统压力处于最低值，可以读出相应仪表的参数。

（8）调节加载泵 21 出口的加载溢流阀 21，按照要求逐渐对液压柱塞泵、液压柱塞马达进行加载，得到不同压力值下的相应参数。

（9）实验结束后先把加载溢流阀 7、13 卸载，溢流阀 3-1 或者 5-1 调压手轮松开，使系统压力降到最低值。

（10）先停止一号泵，然后停止二号泵。

6. 实验数据与结果分析

（1）液压马达实验数据记录与处理，见表 4-6。

表 4-6　　　　　　　　　　　　轴向柱塞马达实验数据记录与处理

序号	液压泵参数	正　　　向							反　　　向						
		1	2	3	4	5	6	7	1	2	3	4	5	6	7
1	输入压力 p_{m1}（MPa）														
	输出压力 p_{m2}（MPa）														
	压差（MPa）														
2	输出流量 q_1（L/min）														
	外泄漏量 q_2（L/min）														
	输入流量（L/min）														
3	输出转矩（N·m）														
	转速（r/min）														

续表

序号	液压泵参数	正 向							反 向						
		1	2	3	4	5	6	7	1	2	3	4	5	6	7
4	输入功率（kW）														
	输出功率（kW）														
5	进口油温 T_{m1}（℃）														
	出口油温 T_{m2}（℃）														
6	容积效率（%）														
	机械效率（%）														
	总效率（%）														

（2）实验数据与结果分析。

（3）思考题。

1）从柱塞泵与叶片的性能参数、实验回路及加载方式比较其实验的异同点。

2）从柱塞马达、齿轮马达、叶片马达结构原理上分析表 4-5 中这三种马达最低稳定转速的不同。

在同一坐标系中绘制液压马达的 $q_{\mathrm{m}} = f(p)$、$\eta_{V\mathrm{m}} = f(p)$ 及 $\eta_{\mathrm{m}} = f(p)$ 的曲线。

实验 5 容积调速回路特性实验

容积调速回路是通过改变变量液压泵或变量液压马达的排量，来调整执行元件的运动速度的回路。该回路液压泵输出的流量与负载的流量相适应，没有溢流损失与节流损失，回路效率高，发热少，并且有较好的特性，通常应用在大功率的液压传递系统中。根据液压泵、马达组合形式的不同，容积调速分为变量泵-定量马达的容积调速回路、定量泵-变量马达的容积调速回路和变量泵-变量马达的容积调速回路。

实验 5.1 变量泵–定量马达调速回路特性实验

1. 实验目的

（1）掌握变量泵-定量马达调速回路液压系统的工作原理及元器件的作用。

（2）作出转速特性曲线 $n_m = f_1(q_p)$。

（3）作出转矩与功率特性曲线 $T_m = f_2(q_p)$。

（4）作出功率特性曲线 $P_m = f_3(q_p)$。

2. 实验原理

（1）转速特性 $n_m = f_1(q_p)$。实验在泵的转速不变时，调节液压泵的流量 q_p，得出马达的转速 n_m 稳态值与变量泵的调节参数 x_p 之间的关系，以 V_{pmax} 表示变量泵排量 V_p 的最大值，则变量泵的调节参数表示为

$$x_p = \frac{V_p}{V_{pmax}} \quad (0 \leqslant x_p \leqslant 1)$$

对于变量泵的输出流量 q_p，在空载时（泵的进出口压差 $\Delta p_q = 0$）且无泄漏的理想工况下，可以认为液压泵的效率 $\eta_{pV} = 1$；然而实际工况下，$\Delta p_p \neq 0$，$\eta_{pV} < 1$。当 x_p 在一个较小的取值范围 Δx_p（死区）时，由于液压泵自身的泄漏，没有多余的流量输出，此时 $\eta_{pV} = 0$；当 $x_p > \Delta x_p$ 时，才有 $\eta_{pV} > 0$。因此，变量泵输出的流量为

$$q_p = \begin{cases} V_{pmax} n_p x_p & \eta_{pV} = 1 \\ 0 & \eta_{pV} = 0 \\ V_{pmax} n_p (x_p - \Delta x_p) \eta_{pV} & \eta_{pV} = c < 1 \end{cases} \quad (5\text{-}1)$$

式（5-1）即为变量泵的调节特性方程。

液压马达的转速为

$$n_m = \frac{q_m \eta_{mV}}{V_m} = \frac{q_p \eta_{lV} \eta_{mV}}{V_m} \quad (5\text{-}2)$$

式中　q_m——液压马达的输入流量；

η_{mV} ——液压马达的容积效率；

V_m ——液压马达的排量；

η_{1V} ——管路的容积效率。

将式（5-1）代入式（5-2），得回路的转速特性方程为

$$n_m = \begin{cases} K_{n1}x_p\eta_{1V}\eta_{mV} & \eta_{pV}=1 \\ 0 & \eta_{pV}=0 \\ K_{n1}(x_p-\Delta x_p)\eta_V & \eta_{pV}=c<1 \end{cases} \tag{5-3}$$

式中　η_V ——回路容积效率，$\eta_V=\eta_{pV}\eta_{1V}\eta_{mV}$；

K_{n1} ——常量，$K_{n1}=\dfrac{n_p V_{p\max}}{V_m}$。

由式（5-3）可以看出，马达的转速 n_m 与液压泵的调节参数 x_p 呈线性关系。

（2）转矩特性 $T_m=f_2(q_p)$ 及功率特性 $P_m=f_3(q_p)$。调速回路的转矩特性是指液压马达输出转矩 T_m 与变量泵调节参数 x_p 之间的关系。

液压马达输出转矩的一般表达式为

$$T_m=V_m\Delta p_m\eta_{mm}=K_{m1}\Delta p_m \tag{5-4}$$

式中　Δp_m ——液压马达进、出口之间的压差；

η_{mm} ——液压马达的机械效率。

由转矩方程（5-4）可以看出，液压马达输出转矩与变量泵调节参数 x_p 无关，当 Δp_m 不变时马达输出的转矩恒定，所以这种调节回路称为恒转矩调节，但是由于存在泄漏及机械摩擦损失，当 x_p 小到一定值时，T_m 也等于零而存在一个死区。根据负载的特性不同，通常有两种工况。

液压马达输出的转矩 T_m 与外加载泵的负载的转矩 T_L 相等，而加载泵的负载转矩由加载泵本身的摩擦转矩 T_f 和液压转矩 T 组成的，即

$$T_L=T_f+T$$

可以近似认为 $T_f=C$，而加载泵液压转矩为

$$T=\frac{V_L(p_{L1}-p_{L2})}{2\pi} \tag{5-5}$$

如果认为 $p_{L2}=0$，则 p_{L1} 与加载方式有关。

1）采用溢流阀加载。由于 $p_{L1}=C$，负载转矩 $T=C$，那么液压马达输出的转矩 T_m=常数，但是实际上 T_f 不是一个常数，所以转矩 T_m 也不是一个常数。

为了简明地表达出液压马达的输出功率，仅考虑死区位以外的实际情况，则液压马达输出的功率为

$$P_m=T_m n_m=K_{m1}\Delta P_m K_{n1}\eta_V(x_p-\Delta x_p)=K_{n1}\eta_V(x_p-\Delta x_p) \tag{5-6}$$

当认为 η_V 不变时，液压马达的输出功率 P_m 随着调节参数 x_p 的增减而成线性增减。

2）采用节流阀加载。当节流阀调到一定开口不变时，由节流阀的流量特性公式可知 $q_l=CA_T(p_{p1}-p_{p2})^\varphi$。如果节流口为薄壁孔，$\varphi=0.5$，$p_{p2}=0$，则

$$p_{l1} = \frac{q_l^2}{C^2 A_T^2} = \frac{V_L^2}{C^2 A_T^2} n_m^2 \tag{5-7}$$

由式（5-3）与式（5-7）可以看出，p_{p1} 与液压泵的调节参数 x_p^2 有关。结合式（5-5）可以看出，加载泵的转矩 T 与液压泵的调节参数 x_p^2 成二次抛物线的关系，也就是液压马达输出的转矩与液压泵的调节参数 x_p^2 成二次抛物线的关系。

3）负载功率恒定。当外负载的功率恒定时，液压马达的输出功率为

$$P_m = n_m T_m = C \text{（常数）}$$

将式（5-3）代入上式，可得液压马达的输出转矩为

$$T_m = \frac{C}{n_m} = \frac{C}{K_{n1}\eta_V (x_p - \Delta x_p)} = \frac{K_m'}{x_p - \Delta x_p} \tag{5-8}$$

3. 实验步骤

液压系统原理图如图 5-1 所示。

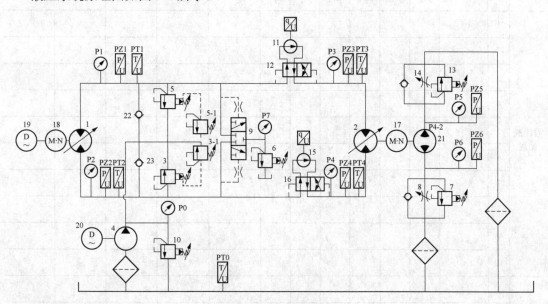

图 5-1　液压系统原理图

（1）启动液压泵前，溢流阀的调压手轮旋松，防止系统带压启动（溢流阀 3-1、5-1、7、13，节流阀 8、14）。

（2）启动补油泵（二号泵），延时 30s，等系统压力表 P0、P1、P2 都达到同一压力值后进行下一步操作。

（3）启动主油泵（一号泵），调节冷却油路背压阀的压力为 p=0.5MPa（一般不需要调节），关闭加载泵出口的溢流阀与节流阀使液压马达不动，调整溢流阀 3-1 或者 5-1 使系统压力达到 10～12MPa。

（4）将液压泵排量 V_p 的调节机构调到 $0.9x_{pmax}$、调节马达的调节机构 x_m 调到 $0.9x_{mmax}$ 位置。

（5）关闭加载节流阀 14，用加载溢流阀 13 进行加载（或关闭溢流阀、用节流阀加载）

压力调定在 p=0.4MPa。

（6）调节泵排量 q_p 的调节机构 x_p=0.1～0.9，使马达开始运转（一定注意马达的转速不能超过 1450r/min），在每一个油泵的排量下测定马达的进、出油口压力 p_{m1} 和 p_{m2}，以及加载泵吸、排油口压力 p_{L1}、p_{L2}，马达流量 q_{m1} 和 q_{m2}、转速 n_m、转矩 T_m 和功率 P_m。

（7）实验结束后，先把加载溢流阀 7、13 卸载，溢流阀 3-1 或 5-1 调压手轮松开，使系统压力降到最低值。

（8）先停止一号泵，然后停止二号泵。

4. 实验数据与结果分析

（1）变量泵-定量马达实验数据记录与处理（x_m=1），见表 5-1。

表 5-1　　　　　　　　变量泵-定量马达实验数据记录与处理（x_m=1）

加载方式	序号	x_p=0～1	Δp_m（MPa）			Δp_L（MPa）			q_{m1}（L/min）	q_{m2}（L/min）	n_m（r/min）	T_m（N·m）	P_m（kW）
			p_{m1}	p_{m2}	Δp_m	p_{L1}	p_{L2}	Δp_L					
溢流阀加载	1												
	2												
	3												
	4												
	5												
	6												
	7												
	8												
	9												
	10												
节流阀加载	1												
	2												
	3												
	4												
	5												
	6												
	7												
	8												
	9												
	10												

（2）在同一坐标系绘制曲线。

实验 5.2　定量泵–变量马达调速回路特性实验

1. 实验目的

（1）掌握定量泵-变量马达调速回路液压系统的工作原理及元器件的作用。

（2）作出转速特性曲线 $n_m = f_1(q_p)$。

（3）作出转矩曲线 $T_m = f_2(q_p)$。

（4）作出功率特性曲线 $P_m = f_3(q_p)$。

2. 实验原理

实验在液压泵的转速不变时，调节液压马达的排量 V_m，得出马达的调节特性。

（1）转速特性 $n_m = f_1(q_p)$。定量泵输出的流量 $q_p = V_p n_p \eta_{pV}$。同样，以 V_{mmax} 表示马达的最大排量，则马达的调节参数 x_m 为

$$x_m = \frac{V_m}{V_{mmax}} \quad 0 \leqslant x_m \leqslant 1 \tag{5-9}$$

液压马达的输出转速为

$$n_m = \frac{q_m \eta_{mV}}{V_m} = \frac{V_p n_p \eta_V}{V_{mmax} x_m} = \frac{K_{n2} \eta_V}{x_m} \tag{5-10}$$

式中　K_{n2}——常量，$K_{n2} = \dfrac{V_p n_p}{V_{mmax}}$。

式（5-10）即为回路的转速特性方程。

从回路的特性方程可以看出，变量马达的转速 n_m 与其自身的调节参数成双曲线关系。当 $x_m=1$ 时，马达的转速最低；随着 x_m 的减小，n_m 成反比增大。但是由于液压马达存在摩擦损失，当 x_m 小到一定数值 x_m' 时，所产生的转矩不足以克服变量马达自身的摩擦力矩，马达就停止转动。跟变量泵一样，变量马达也存在着调节参数的死区 Δx_m。变量马达的机械效率、容积效率越低，负载力矩越大，死区 Δx_m 的数值也越大。

（2）转矩特性 $T_m = f_2(q_p)$ 及功率特性 $P_m = f_3(q_p)$。由式（5-9）可知，液压马达输出的转矩 T_m 可以表示为

$$T_m = V_m \Delta p_m \eta_{mm} = V_{mmax} x_m \Delta p_m \eta_{mm} = K_{m2} x_m \tag{5-11}$$

式中　K_{m2}——常量（认为 Δp_m、η_{mm} 恒定时），$K_{m2} = V_{mmax} \Delta p_m \eta_{mm}$。

由式（5-10）和式（5-11）可得，液压马达输出的功率为

$$P_m = n_m T_m = \frac{K_{n2} \eta_V}{x_m} K_{m2} x_m = K_{N2} \eta_V \tag{5-12}$$

式中　K_{N2}——常量，$K_{N2} = K_{n2} K_{m2}$。

由式（5-11）和式（5-12）可知，当变量马达进出口压差 Δp_m 不变时，其输出的转矩 T_m 随其调节参数 x_m 的增减而线性增减；而变量马达输出的功率在 x_m 变化时保持不变，因此该回路称为恒功率调节回路。

3．实验步骤

（1）启动液压泵前，溢流阀的调压手轮旋松，防止系统带压启动（溢流阀 3-1、5-1、7、13，节流阀 8、14）。

（2）启动补油泵（二号泵），延时 30s，等系统压力表 P0、P1、P2 都达到同一压力值后进行下一步操作。

（3）启动主油泵（一号泵），调节冷却油路背压阀的压力为 p=0.5MPa，关闭加载泵出口的溢流阀与节流阀使液压马达不动，调整溢流阀 3-1 或者 5-1 使系统压力达到 10～12MPa。

（4）将液压泵的调节机构调到 $0.5x_{pmax}$、马达排量 V_m 的调节机构 x_m 调到最大位置，实验过程中注意马达的转速不要超过 1450r/min。

（5）关闭加载节流阀 14，用加载溢流阀 13 进行加载（或关闭溢流阀、用节流阀加载）压力调定在 p=0.4MPa。

（6）调节马达的调节机构参数 x_m 由 0～1，使马达开始运转，在每一个马达的排量下测定马达的进、出口压力 p_{m1} 和 p_{m2}，以及加载泵吸、排油口压力 p_{L1}、p_{L2}，马达流量 q_{m1} 和 q_{m2}、转速 n_m、转矩 T_m 和功率 P_m。

（7）实验结束后，先把加载溢流阀 7、13 卸载，溢流阀 3-1 或 5-1 调压手轮松开，使系统压力降到最低值。

（8）先停止主油泵（一号泵），然后停止补油泵（二号泵）。

4．实验数据与结果分析

（1）定量泵-变量马达实验数据记录与处理，见表 5-2。

表 5-2　　　　　　　　　　　定量泵-变量马达实验数据记录与处理

加载方式	序号	x_m=0～1	Δp_m（MPa）			Δp_L（MPa）			q_{m1}（L/min）	q_{m2}（L/min）	n_m（r/min）	T_m（N·m）	P_m（kW）
			p_{m1}	p_{m2}	Δp_m	p_{L1}	p_{L2}	Δp_L					
溢流阀加载	1												
	2												
	3												
	4												
	5												
	6												
	7												
	8												
节流阀加载	1												
	2												
	3												
	4												
	5												
	6												
	7												
	8												

（2）在同一坐标系中绘制曲线。

实验 5.3　变量泵-变量马达调速回路特性实验

变量泵-变量马达容积调速回路，可以看作是变量泵-定量马达及定量泵-变量马达的综合，这种回路的调速范围比较大，适用于大功率的液压系统。

1. 实验目的

（1）掌握变量泵-变量马达调速回路液压系统的工作原理及元器件的作用。

（2）了解压力传感器、流量传感器及转矩转速传感器的工作原理。

（3）作出转速特性曲线 $n_m = f_1(q_p)$。

（4）作出转矩曲线 $T_m = f_2(q_p)$。

（5）作出功率特性曲线 $P_m = f_3(q_p)$。

2. 实验原理

变量泵-变量马达调速回路是上面两种回路的组合，实验在泵的转速不变时，同时调节变量泵的排量 q_p、变量马达的排量 q_m，得出液压马达的调节特性，回路的特性如果认为变量马达的出口压差 Δp_m 恒定，泵的容积效率 η_{pV}、管路的容积效率 η_{lV} 及马达的容积效率 η_{mV}、马达的机械效率 η_{mm} 不变，且不计死区影响，则变量马达的输出转速表达式为 $n_m = f_1(q_p, q_m)$，则

$$n_m = \frac{q_m \eta_{mV}}{V_m} = \frac{q_p \eta_{lV} \eta_{mV}}{V_m} = \frac{V_{p\max} x_p n_p}{V_{m\max} x_m} \eta_{pV} \eta_{lV} \eta_{mV} = K_{n3} \eta_V \frac{x_p}{x_m} \quad (5\text{-}13)$$

式中　　K_{n3}——常数，$K_{n3} = \dfrac{V_{p\max} n_p}{V_{m\max}}$。

　　　转矩表达式 $T_m = f_2(q_p, q_m)$，则

$$T_m = V_m \Delta p_m \eta_{mm} = V_{m\max} \Delta p_m x_m \eta_{mm} = K_{m3} x_m \quad (5\text{-}14)$$

式中　　K_{m3}——常数，$K_{m3} = V_{m\max} \Delta p_{mm} \eta_{mm}$。

　　　功率特性 $P_m = f_3(q_p, q_m)$，则

$$P_m = T_m n_m = K_{m3} x_m K_{n3} \eta_V \frac{x_p}{x_m} = K_{N3} \eta_V x_p \quad (5\text{-}15)$$

式中　　K_{N3}——常数，$K_{N3} = K_{n3} K_{m3}$。

3. 实验步骤（回路的调整方法）

（1）启动液压泵前，溢流阀的调压手轮旋松，防止系统带压启动（溢流阀 3-1、5-1、7、13，节流阀 8、14）。

（2）启动补油泵（二号泵），延时 30s，等系统压力表 P0、P1、P2 都达到同一压力值后进行下一步操作。

（3）启动主油泵（一号泵），调节冷却油路背压阀的压力为 $p=0.5$MPa，关闭加载泵出口的溢流阀与节流阀使液压马达不动，调整溢流阀 3-1 或者 5-1 使系统压力达到 10～12MPa。

第 I 阶段：

（1）为了增加变量马达的转速 n_m，先使马达流量 q_m 的调整参数 $x_m=1$。

（2）调节泵的流量，将变量泵的参数 x_p 由零向逐渐增大的方向调节，这段的工作特性与

变量泵-定量马达调速回路相同。

（3）用溢流阀加载，关闭节流阀（或关闭溢流阀、用节流阀加载）。

（4）在泵的每一个调节排量下，测量马达进、出油口压力 p_{m1} 和 p_{m2}，以及加载泵吸、排油口压力 p_{L1} 和 p_{L2}，马达流量 q_{m1} 和 q_{m2}、转速 n_m、转矩 T_m 和功率 P_m。

（5）记录测量数据。

第Ⅱ阶段：

（1）调节泵的流量参数 $x_p=1$，使其在最大位置上。

（2）调节马达的流量 q_m 的调节参数 x_m 由小到大调节，这时的工作特性与定量泵-变量马达是一样的。

（3）用溢流阀加载关闭节流阀（或关闭溢流阀、用节流阀加载），实验过程中注意马达的转速不要超过 1450r/min。

（4）在液压马达的每一个调节排量下，测量马达进、出油口压力 p_{m1} 和 p_{m2}，以及加载泵吸、排油口压力 p_{L1} 和 p_{L2}，马达流量 q_m、转速 n_m、转矩 T_m 和功率 P_m。

（5）实验结束后先把加载溢流阀 7、13 卸载，溢流阀 3-1 或 5-1 调压手轮松开，使系统压力降到最低值。

（6）先停止主油泵（一号泵），然后停止补油泵（二号泵）。

（7）记录测量并整理数据，计算所需数据。画出三种容积调速的特性曲线。分析理论特性曲线与实测特性曲线区别之处，指出造成差异的原因。列出所需实验记录，整理结果与分析图表。

4．实验数据与结果分析

（1）变量泵-变量马达实验数据记录与处理，见表 5-3。

表 5-3　　　　变量泵-变量马达实验数据记录与处理（加载方式：节流阀或溢流阀）

段号	序号	调节参数 x_p	调节参数 x_m	Δp_m（MPa）			Δp_L（MPa）			q_m（L/min）	n_m（r/min）	T_m（N·m）	P_m（kW）
				p_{m1}	p_{m2}	Δp_m	p_{L1}	p_{L2}	Δp_L				
Ⅰ	1												
	2												
	3												
	4												
	5												
	6												
	7												
	8												
Ⅱ	1												
	2												
	3												
	4												
	5												
	6												
	7												
	8												

（2）在同一坐标系绘制曲线。

实验 5.4　容积调速回路的机械特性实验

在节流调速回路中，液压马达的转速 n_m 因负载转矩 M_m 的不同而发生变化，其根本的原因在于负载的变化引起回路泄漏量的变化。如果液压元件自身的泄漏对执行元件的速度可以忽略不计，因为液压泵输出的流量除了满足执行机构负载流量、液压元件和回路的泄漏外，还有多余的流量回到油箱，当负载变化时，如果能使泵输出的流量做相应的增减，以补偿相应的增减，这样可以调高速度的稳定性，即提高回路的速度刚度。

1. 实验目的

（1）通过实验加深对回路刚度的理解。

（2）同一坐标系绘出三条回路转速随负载变化的曲线 $n_m = f(T_m)$。

2. 实验原理

容积调速回路中，液压泵输出的流量直接进入液压马达，回路的泄漏直接影响进入马达的流量，从而影响马达的转速。负载越大、回路压力越高，泄漏就越大，导致马达的转速下降快。这就是回路的机械特性：马达的转速 n_m 随着负载转矩 T_L 变化的曲线，其性能指标用系统的刚度来表示。

在容积调速回路中，液压马达所需要的理论流量 q_m 为

$$q_{tm} = V_m n_m = q_{tp} - (\Delta q_p + \Delta q_m + \Delta q_1) \tag{5-16}$$

式中　　　　　q_{tp}——液压泵的理论流量，$q_{tp} = V_p n_p$；

Δq_p、Δq_m、Δq_1——液压泵、液压马达、管路的泄漏量。

可以认为 Δq_p、Δq_m、Δq_1 是回路压力 q 的函数。

则有

$$\Delta q_p + \Delta q_m + \Delta q_1 = (\lambda_p + \lambda_m + \lambda_1)p \tag{5-17}$$

式中　　λ_p、λ_m、λ_1——液压泵、液压马达、管路的泄漏系数。

由式（5-16）和式（5-17）可得

$$p = \frac{V_p n_p - V_m n_m}{\lambda_p + \lambda_m + \lambda_1} \tag{5-18}$$

为了便于分析，认为回路中低压侧油路的压力为零，且不考虑管路的损失，那么回路中的压力就等于液压泵或者液压马达两端的压差，即 $\Delta p_p = \Delta p_m = \Delta p = p$。

由 $T_m = V_m \Delta p_m \eta_{mm} = V_m p \eta_{mm}$ 及式（5-18），可得

$$\frac{V_p n_p - V_m n_m}{\lambda_p + \lambda_m + \lambda_1} = \frac{M_m}{\eta_{mm} V_{mm}}$$

即

$$n_m = \frac{V_p n_p}{V_m} - \frac{\lambda_p + \lambda_m + \lambda_1}{\eta_{mm} V_m^2} T_m$$

$$n_m = \frac{V_p n_p}{V_m} - \frac{\lambda}{\eta_{mm} V_n^2} T_m \tag{5-19}$$

式中　　λ——回路泄漏系数。

式（5-19）表示容积调速回路中，液压马达输出的转速与外负载 T_m 变化特性。当泄漏系数越大，负载对转速的影响越大；泵的理论流量 $V_p n_p$ 越小，泄漏所占的比例越大，对马达的转速影响越大，特别是变量泵的调节参数接近死区 Δx_p 时，更加明显。

式（5-19）回路刚度的一般表达式为

$$T_n = -\frac{\partial T_m}{\partial n_m} = \frac{\eta_{mm} V_m^2}{\lambda} = \frac{\eta_{mm} V_{m\,max}^2 x_m^2}{\lambda} \tag{5-20}$$

刚度 T_n 用来衡量外负载 T_m 变化时，回路抗液压马达转速变化的能力。

由式（5-20）可知，可以通过提高液压件制造精度与回路的安装质量，从而减小回路的泄漏量来提高回路的刚度。

另外，增大马达的排量、采用较高机械效率的液压马达等，都有助于提高回路的刚度。

思考：提高回路刚度的其他方法。

3. 实验步骤

（1）启动液压泵前，溢流阀的调压手轮旋松，防止系统带压启动（溢流阀 3-1、5-1、7、13，节流阀 8、14）。

（2）启动补油泵（二号泵），延时 30s，等系统压力表 P0、P1、P2 都达到同一压力值后进行下一步操作。

（3）启动主油泵（一号泵），调节冷却油路背压阀的压力为 $p=0.5\text{MPa}$（一般不需要调整）关闭加载泵出口的溢流阀与节流阀使液压马达不动，调整溢流阀 3-1 或者 5-1 使系统压力达到 8～10MPa。

（4）液压泵、液压马达调节参数 x_p、x_m 进行三次组合，得到三组实验数据。选择三组数据的原则：马达的转速不要太高，不能超过马达的额定转速 1450r/min。

建议选取如下三组：

1）将泵排量 V_p 的调节机构调到 $x_p=0.5$、马达排量 V_m 的调节机构调到 $x_m=0.9$ 位置。

2）将泵排量 V_p 的调节机构调到 $x_p=0.5$、马达排量 V_m 的调节机构调到 $x_m=0.7$ 位置。

3）将泵排量 V_p 的调节机构调到 $x_p=0.5$、马达排量 V_m 的调节机构调到 $x_m=0.5$ 位置。

注意：每组调节好之后，要将液压泵、液压马达的调速机构固定好。

（5）关闭加载节流阀 14，用溢流阀 13 进行加载（或关闭溢流阀、用节流阀加载）逐渐加大负载泵的加载压力 p_{L1}。

（6）马达开始运转，在每一个马达的排量下测定马达的 n_m 和 T_m，以及加载泵吸、排油口压力 p_{L1} 和 p_{L2}。

（7）实验结束后先把加载溢流阀 7、13 卸载，溢流阀 3-1 或 5-1 调压手轮松开，使系统压力降到最低值。

（8）先停止主油泵（一号泵），然后停止补油泵（二号泵）。

4. 实验数据与结果分析

（1）容积调速回路机械特性记录，见表 5-4。

表 5-4　　　　　　　　　　　容积调速回路机械特性记录

组别	x_p	x_m	序号	Δp_L（MPa）			n_m（r/min）	T_m（N·m）	备　注
				p_{L1}（MPa）	p_{L2}（MPa）	Δp_L（MPa）			
I			1						
			2						
			3						
			4						
			5						
			6						
			7						
			8						
			9						
			10						
II			1						
			2						
			3						
			4						
			5						
			6						
			7						
			8						
			9						
			10						
III			1						
			2						
			3						
			4						
			5						
			6						
			7						
			8						
			9						
			10						

（2）在同一坐标系绘制三条特性曲线 $n_m = f(T_m)$。

第Ⅳ部分　气压传动综合实验

气压传动与液压传动一样，都是利用流体作为介质进行能量传递和控制的，它是指以压缩空气作为工作介质来传递动力和实现控制的一门技术，其工作原理、元件结构、系统组成与图形符号等与液压传动都很相似。由于气压传动具有防火、节能、高效、无污染等优点，所以在各个行业得到了广泛的应用。本部分实验主要介绍了气动元件的结构、工作原理，以及气动回路的设计、连接等方面的实验内容。

实验6　气动元件结构分析实验

压缩空气站的设备一般包括产生压缩空气的压缩机和气源净化的辅助设备，气压传动系统与液压系统类似，气压传动也是由四部分器件组成。

（1）气动动力元件：将原动机提供的电能或其他形式的能量转化为气体的压力能，为系统提供压缩空气，作为气动系统的动力，包括空压机、净化与存储压缩空气的装置等。

（2）气动执行元件：将压缩空气的压力能转变为机械能的能量转化元件，对外部做功，根据做功的方式不同，分为直线运动的气缸与回转运动的气马达。

（3）气动控制元件：在气动系统中用来调节和控制压缩空气的压力、流量及方向的阀件，如压力阀、流量阀、方向阀等元件。

（4）气动辅助元件：对气动系统进行冷却、润滑、消声、密封、元件连接等元件。

实验6.1　气动动力元件、辅助元件结构分析实验

1. 实验目的

（1）通过对观看综合实验台气动动力元件的虚拟仿真视频，并对元件结构进行观察，了解气动动力元件的作用、结构及工作原理。

（2）培养学生分析问题和解决问题的能力。

2. 气动动力元件、辅助元件内容

（1）气动动力元件。也称为气动能源装置，即空气压缩机。给气压系统提供压缩空气的气源装置，主要是空气压缩机，是将电能或者其他形式的能量转化成空气压力能的装置。

1）空气压缩机分类。按照工作原理分为容积式与速度式两大类，在气压传动中一般采用容积式压缩机。当然压缩机也可以按照输出压力、输出流量及润滑方式的不同进行分类。

2）空压机的工作原理。在容积式压缩机中，最常用的是活塞式压缩机，曲柄做回转运

动，带动气缸活塞做直线运动，当活塞向右运动时，气缸因容积增大形成局部真空，在大气的作用下，吸气阀打开，大气进入气缸，此时为吸气过程；当活塞向左运动时，气缸因容积缩小而使气体被压缩，气缸内压力升高，吸气阀关闭，排气阀打开，压缩空气排出，此时为排气过程。活塞就是这样不断循环往复运动，即不断产生压缩空气。

（2）气源净化装置。空气压缩机一般都采用油润滑，这种压缩机在工作时，温度可升高到 100℃以上，导致部分润滑油变成气态，加上吸入的空气中含有水和灰分，就形成水气、油气、灰尘等混合杂质。如果这种气体供给气动设备，将产生以下不良的后果：

1）混在压缩空气中的油气聚集在气罐中形成易燃物，甚至有导致爆炸的危险。另外，高温气化后的油气形成有机酸，使设备遭受腐蚀，影响其使用寿命。

2）混合杂质沉积在管道与气动元件中，使其通流面积减小，流动阻力增大，导致气压系统工作压力不稳定。

3）压缩空气中的水蒸气在一定的温度与压力下会析出水滴，尤其在寒冷的季节会沉积在管道和附件中使管路因冻结而堵塞，甚至出现管道及元件的破裂。

4）压缩空气中的灰尘对气压传动元件会产生摩擦磨损作用，加速了元件的损坏，影响其使用寿命，因此必须进行处理。

气源净化装置由以下几个部分组成：

1）冷却器。冷却器一般安装在压缩机出口管路上，作用是把压缩机排出的压缩空气温度降到 40～50℃或者更低，使压缩空气中的水气、油气转化成液态，便于排出。

2）油水分离器。其作用是将经过后级冷却器降温出来的水滴、油滴等杂质从压缩空气中分离出来。

3）气罐。其作用是消去气体压力的波动，保证气体的连续性、稳定性，以及储备一定数量的压缩空气以备应急使用，进一步分离压缩空气中的水分、油分等。

4）干燥器。压缩空气经过以上处理基本满足一般气动系统的要求，但对于精密的启动装置和气动仪表所用气体，还要进行进一步的净化处理才能使用。干燥器是进一步去掉压缩空气中的水、油和灰尘，其方法有吸附法、冷冻法。

5）分水滤气器。又称二次过滤器，其作用进一步分离水分、过滤杂质，滤灰率可达70%～99%。

（3）辅助元件。

1）油雾器。气动系统中的各种气缸、马达等元件都需要润滑，但以压缩空气为动力的气动元件都是密封气室，不能用注油的方法，只能将油混于气流中，随着气流带到需要润滑的地方。

2）消声器。气动回路与液压回路不同，没有回收气体的必要，压缩空气使用后直接排入大气，因此排气速度较高，会产生尖声的排气噪声，为了降低噪声，一般在换气阀的出口安装消声器。

3. 思考题

（1）根据图 6-1 简述气动三联件的组成、结构及工作原理。

注：气动三联件从左到右分别是空气滤清器、减压阀及油雾器。空气滤清器对压缩空气进行油水分离与过滤，起到净化空气的功能；减压阀实际上是一个调压阀，调节进入工作机构的压缩空气的压力；油雾器利用压缩空气对油滴的雾化作用，使压缩空气里含有干净的油

雾，起到润滑设备的作用。

图 6-1   气动三联件

（2）根据图 6-2 简述小型空气压缩机的主要组成部分及各部分的作用。

图 6-2   小型空气压缩机

（3）说明图 6-3 气动元件的名称及作用。

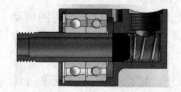

图 6-3   气动元件

实验 6.2   气动执行元件、控制元件结构分析实验

1．实验目的

（1）通过观看气动执行元件、控制元件的视频，以及观察元件实物，了解执行、控制元件的作用、结构及工作原理。

（2）培养学生分析问题、解决问题的能力。

2．气动执行元件、控制元件内容

（1）气缸。

1）气缸的分类。按照活塞两侧断面受压状态可分为单作用气缸和双作用气缸。按照结构特征、功能都可以进行分类。

2）气缸的工作原理同液压缸相似。

（2）气动马达。气动马达是将压缩空气的压力能转换成机械能的装置，输出的转矩驱动执行机构旋转运动。可以分为叶片式气动马达、径向柱塞式气动马达。气动马达具有工作安全、有过载保护、可以无级调速、可以长期满载工作、具有较高的启动转矩、结构简单等特点。

（3）气动控制元件。

1）压力控制阀。

①减压阀：气动系统的气源，一般来自压缩空气站，压缩控制站的压力一般高于每台启动装置的压力，而且压力可能有波动，因此需要安装减压阀来保证输出给每台设备的气源压力稳压，进而减压阀具有自动调节作用。

②顺序阀：安装在管路中根据管路中压力的大小来控制气动回路中的各执行元件的动作先后顺序，其作用与工作原理跟液压顺序阀基本相同，通常与单向阀组合形成单向顺序阀。

③安全阀：安装在气动回路中以防止管路、气罐及元件等破坏，限定气动回路中的最高压力，当回路中的气压升到安全阀的调定压力时，阀口开启，排气，使回路压力降低，阀口关闭，进而起到安全保护作用。

2）流量控制阀。流量控制阀通过改变阀的通流面积来调节压缩空气的流量，从而控制气动执行元器件的运动速度，包括节流阀、单向节流阀、排气节流阀。排气节流阀是装在控制执行元件的换向阀的出口上，调节排入大气的压缩空气的气量来改变气动执行元件的运动速度。

3）方向控制阀。方向控制阀用以控制压缩空气流动的方向和气路的通断，在气动回路中应用较多，包括单向控制阀、换向阀等。

3. 思考题

（1）根据图 6-4 说明气动马达的主要结构及工作原理。

图 6-4　气动马达

（2）根据图 6-5 说明气动缸的主要组成部分、工作原理及两个气动缸的区别。

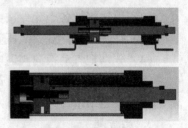

图 6-5　气动缸

（3）结合图 6-6 分析气动换向阀与前面所介绍的液压换向阀的异同点。

图 6-6　气动换向阀

实验 7　气压传动回路设计与分析实验

一个复杂的气压控制系统，通常是由若干个气动基本回路组合而成。设计一个完整的气动控制回路，除了能够完成实验要求的程序动作外，还要考虑调压、调速、换向、控制方式等问题。因此，熟练地掌握气动基本回路的工作原理、特点可为设计和分析比较复杂的气动控制回路打下基础。

实验 7.1　压力控制回路实验

1. 实验目的

（1）了解压力控制回路组成及工作原理。

（2）学会使用气动元件来进行压力控制回路设计。

2. 实验步骤

（1）将实验所需的元件按照控制回路原理图 7-1 所示的位置固定在实验板上，并且检查是否连接牢固。

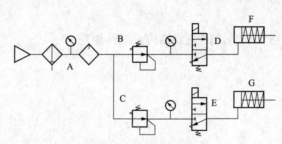

图 7-1　压力控制回路原理图

（2）用气管把各个元件按照控制回路的要求连接起来，检查气管是否插好。

（3）打开气源，观察减压阀上的压力表的数值。

（4）分别把气动换向阀通电，观察并且记录压力表的数值及气缸的运动情况。

（5）调整减压阀 B 和减压阀 C 旋钮，观察并且记录压力表的数值，观察气缸的运动情况。

（6）实验结束，关闭气源，将元件从实验板上取下来放好，以便下次实验使用。

3. 思考题

（1）简述气动回路的工作原理。

（2）设计一个为气缸提供三种压力数值的压力控制回路。

实验 7.2　单向节流阀双向调速回路实验

1．实验目的

（1）理解气动系统中节流阀的作用及节流阀调速的调控方法。

（2）掌握双作用气缸变速的工作原理。

2．实验步骤

（1）按照气动原理图 7-2 的要求把所需要的元件安装
在实验台上，并且固定好。

（2）按照原理图用气管把各个元件连接起来，检查气
管是否插好。

（3）打开气源，操作三位五通电磁换向阀换向，观察
气缸的运动情况。

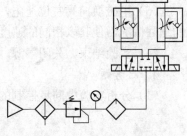

（4）逆时针调节活塞杆腔节流阀，观察气缸的伸出情
况；逆时针调节活塞腔的节流阀，观察气缸缩回的情况。

图 7-2　单向节流阀双向调速回路

（5）顺时针调节活塞杆腔节流阀，观察气缸的伸出情况；顺时针调节活塞腔的节流阀，
观察气缸缩回的情况。

（6）实验结束，关闭气源，把元件从实验板上取下来放好，以便下次实验使用。

3．思考题

设计一种常用的快进—慢进—快退的回路。

实验 7.3　双缸同步回路实验

1．实验目的

（1）了解同步回路的构成方法。

（2）掌握用单向节流阀来实现同步回路的原理和调整方法，比较不同回路的同步精度。

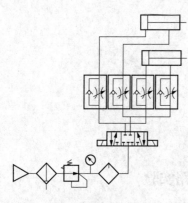

图 7-3　双缸同步回路

2. 实验原理

同步控制就是要求几个气缸的相同移动速度或在预定的相互位置上同时停止。对气动系统来说，严格实现这种同步控制是很困难的。以上是几个简易控制回路，可以比较一下其同步精度。

3. 实验步骤

（1）按照气动原理图 7-3 的要求把所需要的元件安装在实验台上，并且固定好。

（2）按照原理图用气管把各个元件连接起来，检查气管是否插好。

（3）打开气源，操作三位五通电磁换向阀换向，观察气缸的运动情况。

（4）电磁换向阀右位通电，两个气缸同时向外伸出，调整两个气缸活塞腔单向节流阀观察气缸的伸出情况，使其保持同步。

（5）电磁换向阀左位通电，两个气缸同时缩回，调节两个气缸活塞杆腔节流阀观察气缸的缩回情况，使其以相同的速度退回。

（6）实验结束，关闭气源，把元件从实验台板上取下来放好，以便下次实验使用。

4. 思考题

（1）分析实验中同步控制的误差有哪些。

（2）实验中如何准确地实现双缸同步控制？

实验 7.4　双缸顺序动作回路实验

1. 实验目的

（1）理解气动系统中顺序动作回路的实现方法。

（2）掌握用行程阀、行程开关如何继电输出单元、延时单元等配合来调整系统的方法。

2. 实验步骤

（1）按照气动系统原理图 7-4 把元件安装在实验台上，并且固定好。

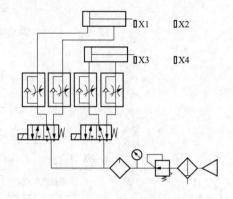

（2）按照原理图的要求用气管把元件连接起来，电磁阀、行程开关要准确地接到控制面板上。

（3）检查实验回路，无误后才可以准备进行实验。

（4）打开气源，接通电源，待气源压力稳定后，打开阀门进行实验。

（5）调节装在气缸活塞腔及活塞腔的单向节流阀，控制气缸的运动速度，使气缸动作平稳。

图 7-4　双缸顺序动作回路

（6）观察顺序动作实验现象并且做记录。

（7）实验结束，关闭气源，把元件从实验板上取下来放好，以便下次实验用。

3. 思考题

（1）分析行程开关控制的双缸顺序动作的工作原理。

（2）设计一个用顺序阀实现的双缸顺序动作回路。

实验 7.5　梭阀应用回路实验

1. 实验目的

（1）了解梭阀的工作原理及过程。

（2）熟悉梭阀的主要性能，掌握梭阀的工作原理及接线方法。

2．实验步骤

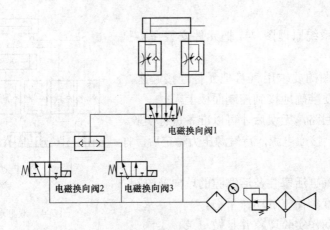

图 7-5　梭阀应用回路

（1）按照原理图 7-5 在实验板上固定好相关元件。

（2）用气管根据原理图 7-5 连接好各种元件，并且连接好电磁阀的接线。

（3）认真检查回路，确认连接无误后，打开空压机的电源，待气压稳定后即可进行实验。

（4）调节在气缸进、出口的单向节流阀，控制气缸的运动速度，使气缸运动平稳。

（5）认真观察实验现象，并做记录。

（6）实验结束，关闭气源，将元件从实验板上取下来放好，以便下次实验使用。

3．思考题

（1）分析梭阀应用回路的工作原理。

（2）说明回路中各种元件的作用。

参 考 文 献

［1］时连君，万殿茂，梁慧斌. 液压传动与控制实验教程［M］. 北京：中国电力出版社，2016.

［2］李壮云. 液压元件与系统［M］. 3 版. 北京：机械工业出版社，2012.

［3］王积伟. 液压传动［M］. 2 版. 北京：机械工业出版社，2013.

［4］杜玉红，杨文志. 液压与气压传动综合实验［M］. 武汉：华中科技大学出版社，2009.

［5］陈淑梅. 液压与气压传动［M］. 2 版. 北京：机械工业出版社，2014.

［6］张利平. 液压气动系统设计手册［M］. 北京：机械工业出版社，1997.

［7］凌更成，罗金堂. 液压传动实验指导书［M］. 北京：机械工业出版社，1990.

［8］陈清奎，刘延俊，成红梅. 液压与气压传动［M］. 北京：机械工业出版社，2017.

［9］唐群国，何存兴. 液压传动与气压传动学习辅导与题解［M］. 武汉：华中科技大学出版社，2009.

［10］左建民. 液压与气压传动［M］. 4 版. 北京：机械工业出版社，2013.

［11］盛小明，刘忠，张洪. 液压与气压传动［M］. 北京：科学出版社，2014.

［12］陈清奎，刘延俊，成红梅，等. 液压与气压传动（3D 版）［M］. 北京：机械工业出版社，2018.